普通高等学校"十四五"规划计算机类特色教材

U0641938

基于Proteus的数字逻辑
与计算机组成原理实验指导教程

■ 主 编/章 勤 贺东芹

华中科技大学出版社
http://press.hust.edu.cn
中国·武汉

内 容 简 介

本书是为计算机相关专业开设的数字逻辑和计算机组成原理两门课程的实践教学而编写的实验教程。本书共分为 3 篇。第 1 篇是 Proteus 软件简介。第 2 篇是数字逻辑实验,包括组合逻辑电路的分析与设计,并行加法器、译码器、数据选择器应用实验,模 8 计数器、序列检测器设计,集成二进制计数器、移位寄存器应用设计,汽车尾灯控制器设计,交通信号灯电路设计等实验内容及数字逻辑课程设计。第 3 篇是计算机组成原理实验,包括运算器实验、总线与寄存器实验、存储器实验、数据通路实验、微程序控制单元实验等实验内容及计算机组成原理课程设计。实验内容编排由浅入深、由简单到复杂,既有基础性实验,又有综合性实验,同时将虚拟仿真软件 Proteus 引入实验项目中,在 Proteus 环境中进行实验项目的分析与设计。学生只需一台电脑就可在任何时间和地点完成书中的每一个仿真实验,操作简单、方便。本书附录部分给出了实验相关芯片的介绍。

本书可作为普通高等院校计算机类、信息类、大数据科学与技术类、物联网类等专业的数字逻辑与计算机组成原理实验课程的教材,也可供工程技术人员参考。

图书在版编目(CIP)数据

基于 Proteus 的数字逻辑与计算机组成原理实验指导教程 / 章勤,贺东芹主编. -- 武汉:华中科技大学出版社,2025. 8. -- ISBN 978-7-5772 -1932-5

Ⅰ. TP302.2-33;TP301-33

中国国家版本馆 CIP 数据核字第 2025K6R587 号

基于 Proteus 的数字逻辑与计算机组成原理实验指导教程　　　　　章　勤　贺东芹　主编

Jiyu Proteus de Shuzi Luoji yu Jisuanji Zucheng Yuanli Shiyan Zhidao Jiaocheng

---

策划编辑:王汉江

责任编辑:王汉江

封面设计:原色设计

责任监印:曾　婷

出版发行:华中科技大学出版社(中国·武汉)　　　电话:(027)81321913

　　　　　武汉市东湖新技术开发区华工科技园　　　邮编:430223

录　　排:武汉楚海文化传播有限公司

印　　刷:武汉市洪林印务有限公司

开　　本:787mm×1092mm　1/16

印　　张:9.75

字　　数:225 千字

印　　次:2025 年 8 月第 1 版第 1 次印刷

定　　价:39.80 元

PREFACE

前言

　　数字逻辑和计算机组成原理是计算机科学与技术、软件工程等计算机相关专业的偏硬件的基础核心课程。本书是针对这两门课程的实践教学而编写的实验教程，并运用Proteus仿真技术和实际案例来辅助这两门课程的理论教学，旨在为学生提供一个更加直观、高效且贴近实际工程的学习、实践环境，让学生在理论学习的同时，能够通过实践操作加深对知识点的理解和掌握。

　　全书分为三篇，各篇紧密相连、层层递进，共同构建起一个完整的知识体系。

　　第1篇为Proteus软件简介。Proteus作为一款强大的电路仿真软件，在现代电子电路教学和实验中发挥着重要作用。本部分详细介绍了如何使用Proteus创建工程、绘制电路图以及使用虚拟仪器等各类功能。Proteus所提供的元器件、连接线路等与传统的数字电路实验硬件高度对应，学生在学习过程中能够以软件仿真方式直观地对硬件原理图进行调试、仿真运行，进而验证整个设计的功能。这种方式在很大程度上取代了传统的实验箱教学功能，既不受时间和空间的限制，又能有效提高教学效率，极大地加深了学生对数字逻辑电路和计算机组成原理主要知识点的认识与理解。

　　第2篇聚焦于数字逻辑实验。书中实验一和实验二剖析了数字逻辑中基本逻辑门的特性和组合逻辑电路的设计原理，这是构建复杂数字系统的基石。通过详细讲解基本逻辑门和中规模组合逻辑部件的内部机制以及组合逻辑电路的分析与设计方法，让学生从底层原理出发，理解数字逻辑的本质以及实践组合逻辑电路的设计方法。实验三和实验四共同关注时序逻辑电路实验，这一板块聚焦于各类触发器的工作机制，以及计数器、寄存器的设计与实现。时序逻辑作为数字电路中的重要组成部分，其特性和应用与实际电子设备息息相关。通过对触发器、计数器和寄存器实验的学习，学生能够深入理解时序电路的工作规律，为后续深入学习计算机组成原理打下坚实基础。实验五至实验六进一步拓展了数字逻辑的综合应用实验。

　　数字逻辑课程设计则以一个基本的算术逻辑运算器电路的设计为载体，引导学生在课程设计的实践中熟练运用所学的数字逻辑知识，积极思考，分析设计并实现一个基本的运算器。这种基于项目的学习方式,能够激发学生的兴趣和创造力,培养学生解决实际问题的能力,使学生真正将理论知识转化为实际技能。

第 3 篇围绕计算机组成原理实验课程展开,深入探讨计算机核心部件的设计与实现。实验一详细介绍计算机运算器设计实验,研究算术逻辑单元(ALU)的工作原理和设计方法。运算器作为计算机五大基本部件之一,是计算机进行数据处理和运算的核心,通过这一实验的学习,学生能够理解基本的计算机运算器的组成。实验二聚焦于总线与寄存器实验,使学生能够理解数据的寄存和多个部件连接总线,如何分时共享总线数据。实验三深入探讨存储器的设计。存储器在计算机系统中扮演着至关重要的角色,掌握其原理和设计方法能为理解大容量的存储系统的工作原理和设计打下基础。实验四介绍数据通路,指导学生将运算器、存储器、寄存器等电路连接,构建计算机主机内的基本数据运行通路,控制运算器、寄存器、存储器之间的数据存储与传输,并手工拨动开关执行一段机器指令程序,从而让学生深入理解控制信号在计算机指令中的作用,为后续控制器的学习打下基础。实验五关注微程序控制单元实验,让学生亲自完成微指令的写入读出操作,重点理解微程序地址转移的实现机制。微程序控制器是计算机指令执行的核心控制部件,掌握其原理和设计方法是深入理解计算机控制器的关键。

计算机组成原理课程设计是对前面所学知识的综合应用。在学生掌握各实验子部件功能的基础上,设计并实现能自动运行的一台模型计算机。学生需要精心设计模型计算机的硬件电路、数据通路、时序和编制微指令,并在模型机上成功运行一段机器指令程序。这一过程不仅能加深学生对计算机组成的理解,更能培养学生综合运用知识解决复杂问题的能力。

书中涵盖的实验项目丰富多样,理论与实践紧密结合。各院校可根据自身的教学规划和学生的实际情况,有针对性地选取教学内容。例如,对于涉及复杂集成电路设计的实验,鉴于其对数字电路基础要求较高,可将本书作为拓展性学习资料,供学有余力的学生深入探索;学习计算机组成相关课程的学生,通过第 3 篇的学习,则能够构建起对计算机核心部件的完整认知,为进一步学习计算机专业知识奠定基础。

希望本书能够为广大师生提供有益的帮助,为推动数字逻辑与计算机组成原理课程教学质量的提升贡献力量。我们期待本书能成为您教学与学习过程中的得力伙伴,助力您在这两门学科的探索之路上不断前行、收获更多知识。

祝愿每一位读者在使用本书过程中都能学有所成、学有所用!

编　者

2025 年 7 月

CONTENTS

目录

第 1 篇

Proteus 软件简介

1.1 Proteus 概述

Proteus 是由英国 Labcenter Electronics 公司开发的知名 EDA 工具软件,它是集电路仿真软件、PCB 设计软件以及虚拟模型仿真软件于一体的设计平台。从原理图布图、代码调试到单片机与外围电路协同仿真,再一键切换至 PCB 设计,Proteus 真正达成了从概念到产品的完整设计流程。Proteus 有两个极为突出的特点:其一,界面简洁,仿真结果直观且可视化,能够通过虚拟示波器或者分析图表直接呈现;其二,它拥有独特且完整的嵌入式系统软、硬件设计仿真功能,正受到愈发广泛的关注,当下众多高校已引入它来构建虚拟实验室。

Proteus 提供了大量的元器件库,这是实验室无法比拟的,还提供了修改电路设计的灵活性,以及在数量和质量上远超实验室的虚拟仪器、仪表。其所提供的元器件、连接线路等与传统的数字电路实验硬件高度对应,在学习过程中,学生能够直观地对硬件原理图进行调试,进而验证整个设计的功能。这在很大程度上取代了传统的实验箱教学功能,充分利用了时间和空间,加深了学生对数字电路和计算机组成原理的认识与理解。

1.2 Proteus 软件的编辑环境

Proteus 拥有模拟电路、数字电路、单片机应用系统以及嵌入式系统设计与仿真的功能;具备全速、单步、设置断点等多样化的调试功能;配备各种信号源以及电路分析所需的虚拟仪表;支持 IAR、Keil、MPLAB 等第三方软件的编译调试环境;具有强大的从原理图到 PCB 板的设计功能,能够输出多种格式的电路设计报表。本节重点阐述 Proteus ISIS 的基本操作方法,涵盖工作界面、菜单栏、工具栏等方面的详尽说明。本节以 Proteus 8.15 版本为例进行介绍。

Proteus ISIS 编辑环境拥有友好的人机交互界面,设计功能强大,使用便捷,容易掌握。在 Proteus 8.15 中,工程思想为工程管理带来了极大便利,所有文件都必须归属于一个工程。启动 Proteus 后,其系统进入如图 1.2.1 所示的界面。

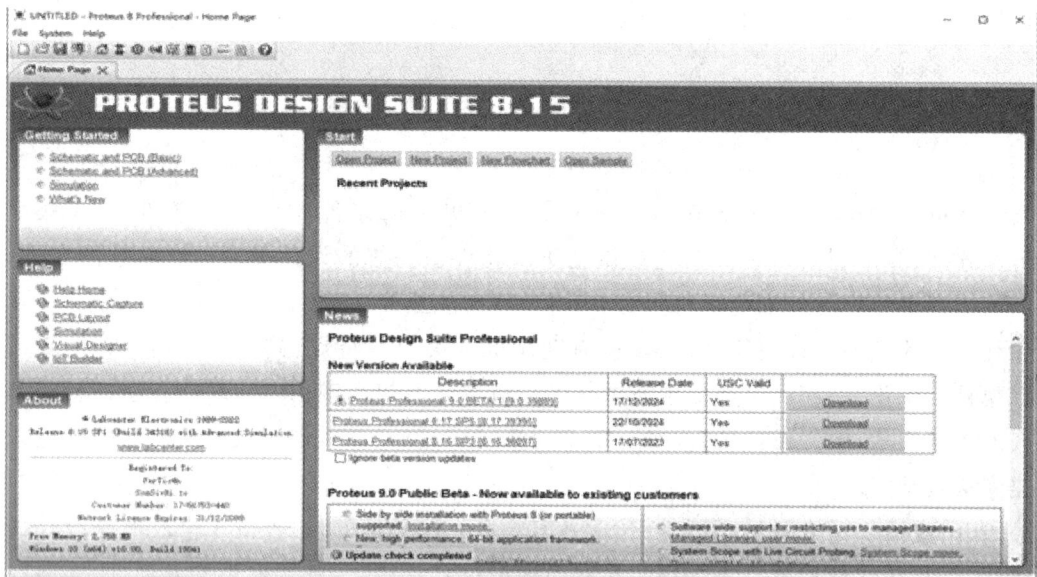

图 1.2.1 系统进入界面

新建工程可以单击 Home Page(主页)的 Start(开始区)中的 New Project(新建工程),如图 1.2.2 所示,也可以单击"File(文件)→New Project(新建工程)",如图 1.2.3 所示。

图 1.2.2 新建工程(方法一)

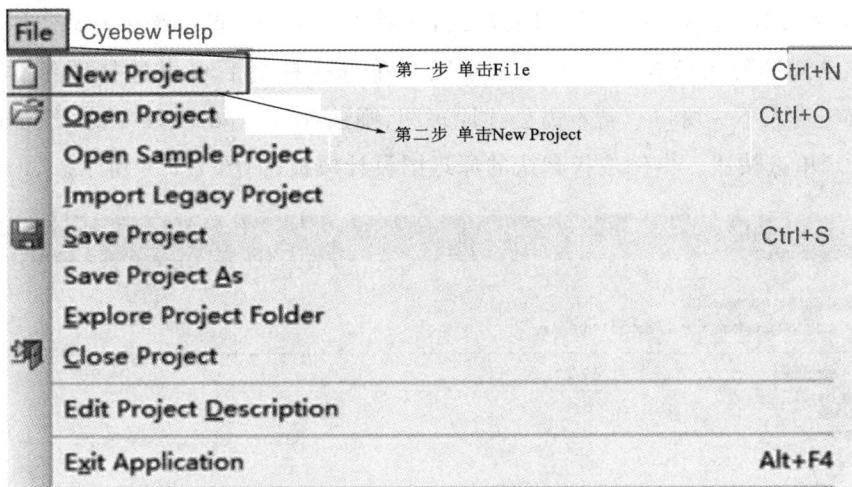

图 1.2.3　新建工程（方法二）

　　随后会弹出一个界面，用户选择设计模版，如图 1.2.4 所示，用户可在窗口中输入工程文件名并选择工程文件的存储路径。若选中"From Development Board（从开发板）"单选按钮，则是新建开发板工程。新建开发板工程后，Proteus 会自动加载开发板原理图，并启动编译器以供代码输入。使用 Proteus 软件创建项目时，存储路径中如果出现中文、空格和特殊字符时不会对开发人员操作工程文件造成影响。若选中"New Project（新工程）"单选按钮，即为新建普通工程。本例选择"New Project"单选按钮，再单击"Next"按钮，进入下一个窗口。

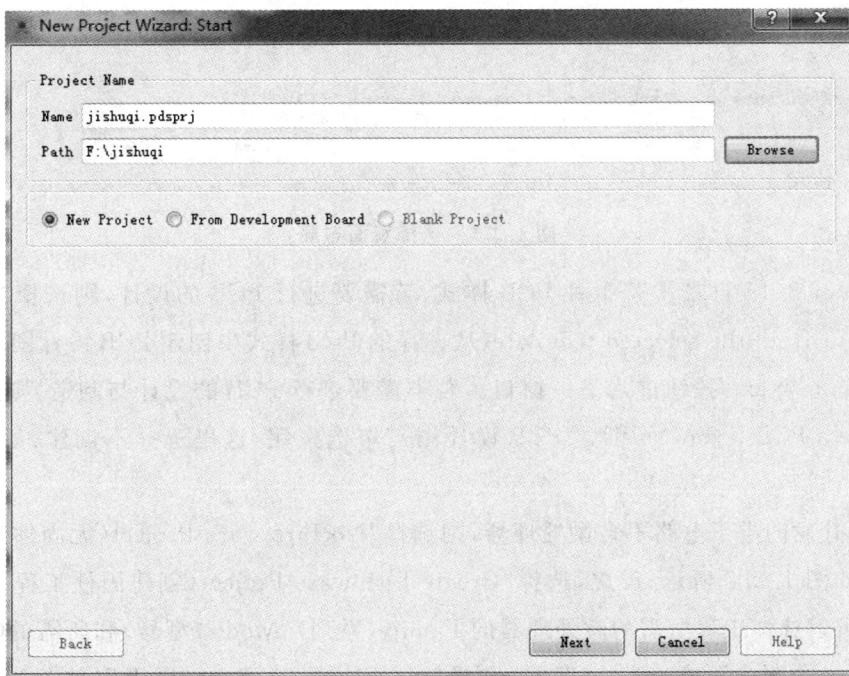

图 1.2.4　选择设计模板

Proteus 8.15 自带了若干种图纸样式,选择"Create a schematic from the selected template(从选择的图纸样式中创建原理图)"单选按钮之后可以选择图纸样式,单击"Next"按钮进入下一窗口。若不需创建原理图,则选择"Do not create a schematic(不创建原理图)"单选按钮。本例选择默认的原理图设计模板,如图 1.2.5 所示。

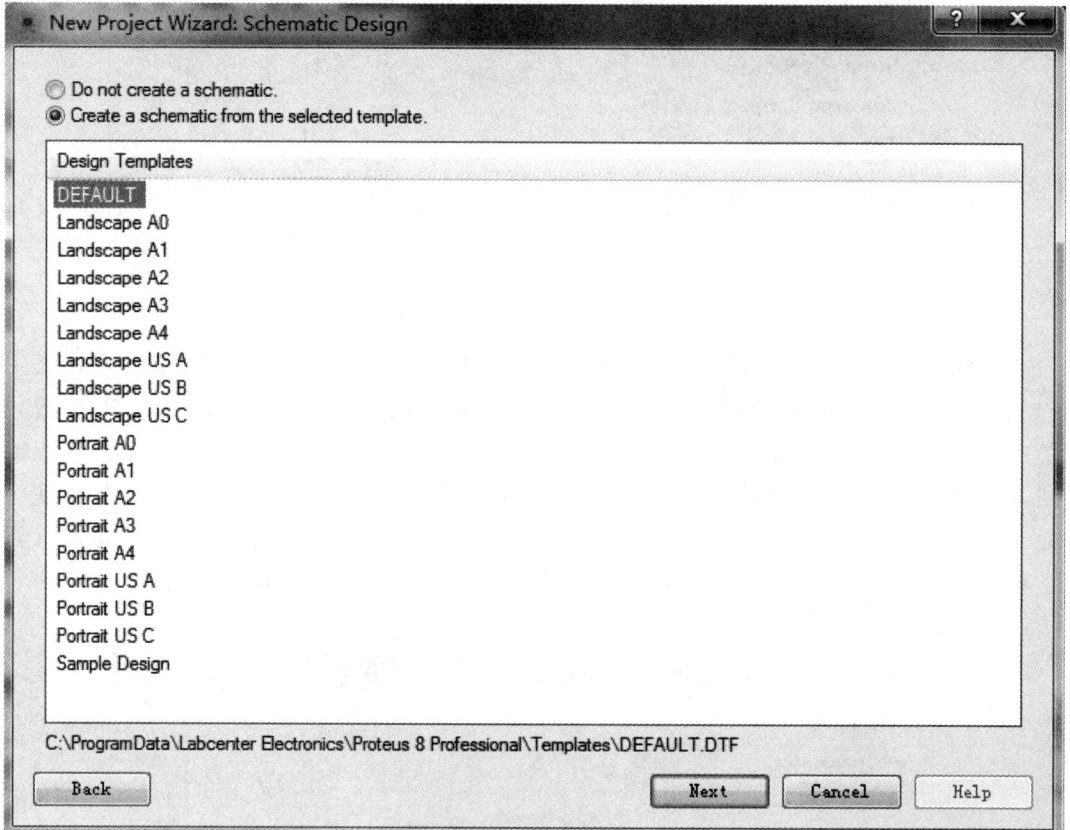

图 1.2.5　选择页面布局

Proteus 8.15 自带了若干种 PCB 样式,若需要进行 PCB 的设计,则选择"Create a PCB layout from the selected template(从选择的 PCB 样式中创建 PCB 设计图)"单选按钮,之后单击"Next"按钮进入下一窗口。若不需要进行 PCB 的设计与制造,则选择"Do not create a PCB layout(不创建 PCB 设计图)"单选按钮,这里选择不创建,如图1.2.6所示。

如果开发的电子电路不含微处理器,则选择"No Firmware Project(无固件工程)"单选按钮,如图 1.2.7 所示;反之,选择"Create Firmware Project(创建固件工程)"单选按钮,并且可以选择工程所需的微处理器的 Family(系列)、Model(型号)和所需的Compiler(编译器)。本例中不含有微处理器,选择"No Firmware Project(无固件工程)",单击"Next"按钮,弹出如图 1.2.8 所示的窗口。

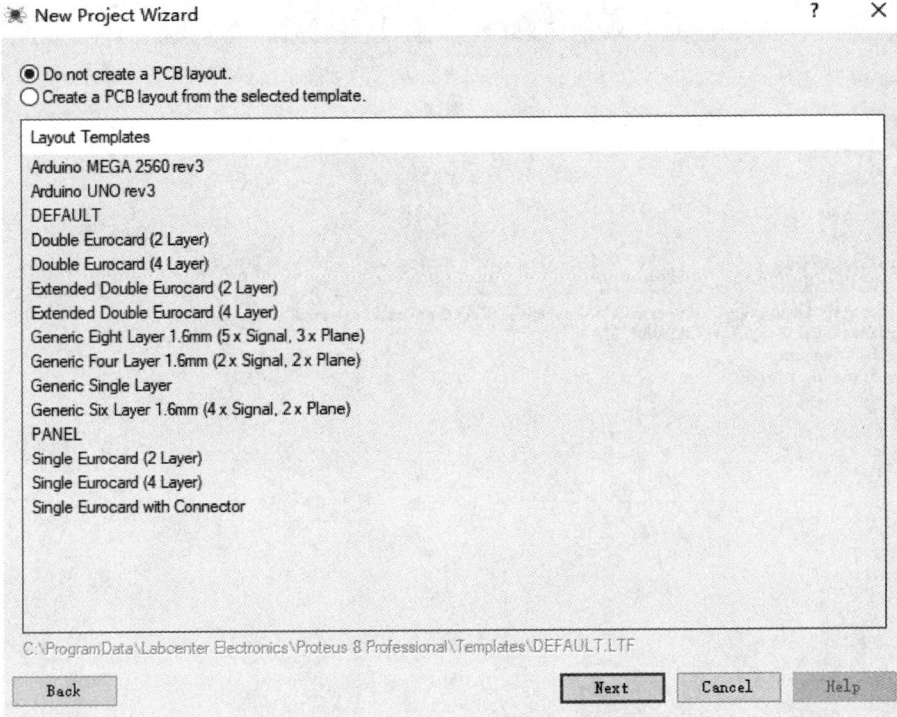

图 1.2.6　创建页面简单说明

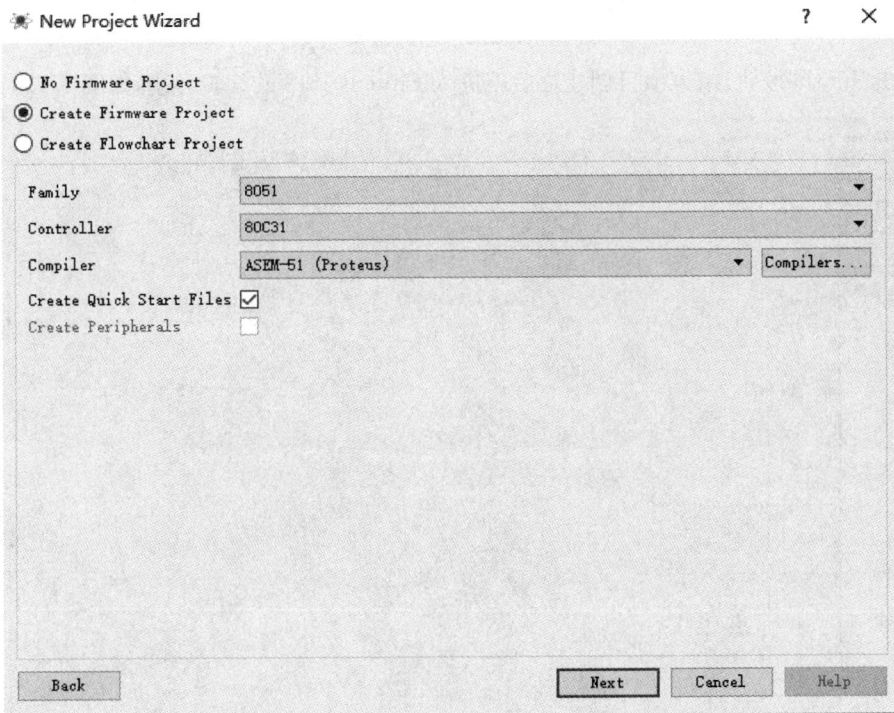

图 1.2.7　选择固件页面

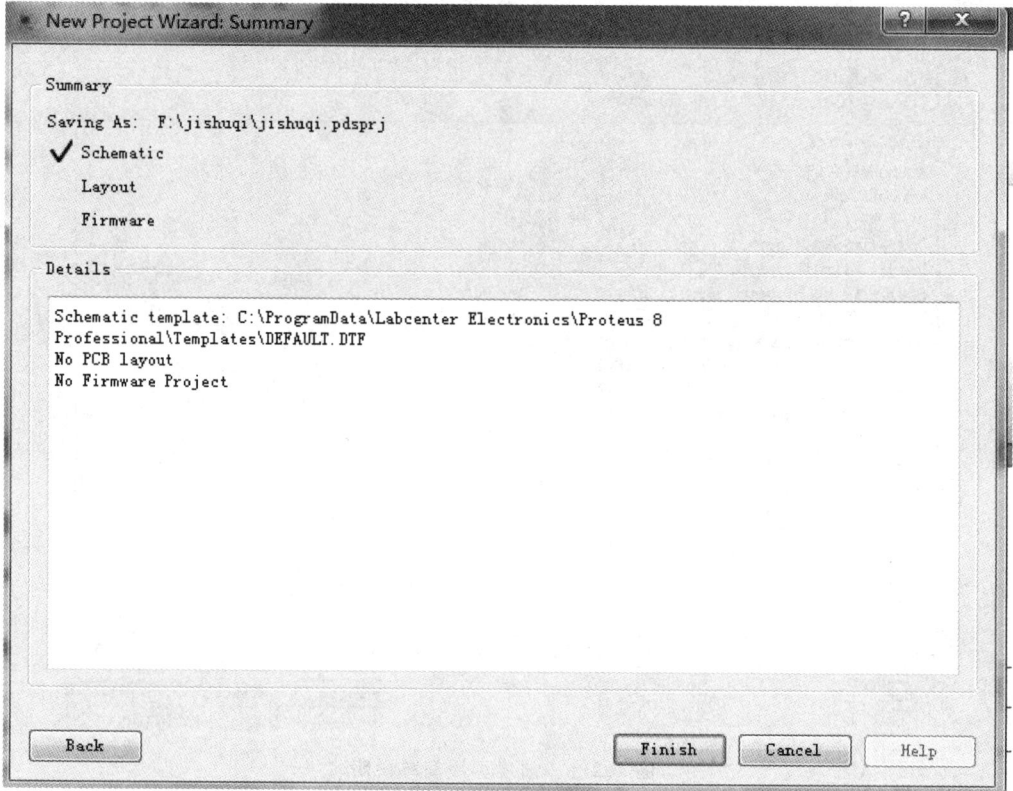

图 1.2.8　创建结束

单击"Finsh"按钮，结束项目创建之后就进入 Proteus ISIS 的编辑环境，如图 1.2.9 所示。

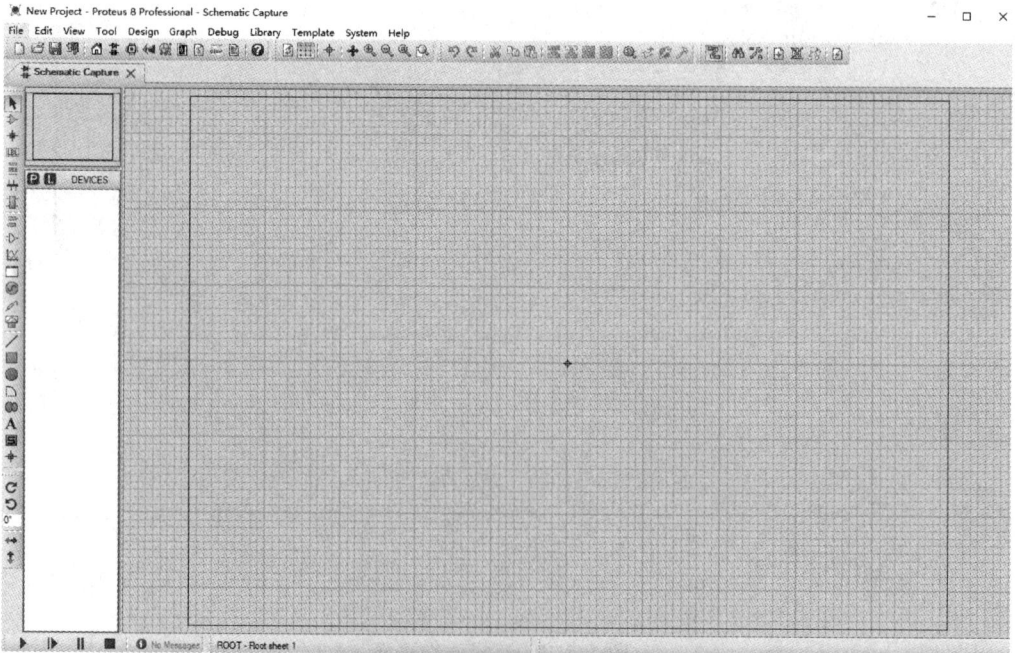

图 1.2.9　Proteus ISIS 界面

1.3 Proteus ISIS 菜单栏简介

1.3.1 主菜单

Proteus ISIS 的主菜单栏包括 File(文件)、Edit(编辑)、View(视图)、Tool(工具)、Design(设计)、Graph(图形)、Debug(调试)、Library(库)、Template(模板)、System(系统)、Help(帮助),如图 1.3.1 所示。

图 1.3.1 Proteus ISIS 菜单栏

File:文件菜单。它包括新建设计、打开设计、保存设计、导入/导出文件,也可以用于打印、显示设计文档,以及退出 Proteus ISIS 系统等。

Edit:编辑菜单。它包括撤销/恢复操作,查找与编辑元件,剪切、复制、粘贴对象,以及设置多个对象的层叠关系等。

View:视图菜单。它包括是否显示网格、设置格点间距、缩放电路图及显示与隐藏各种工具栏等。

Tool:工具菜单。它包括实时注解、自动布线、查找并标记、属性分配工具、全局注解、导入文本数据、元件清单、电气规则检查、编译网络标号、编译模型、将网络标号导入PCB,以及从 PCB 返回原理图设计等功能。

Design:工程设计菜单。它具有编辑设计属性,编辑原理图属性,编辑设计说明,配置电源,新建、删除原理图,在层次原理图中总图与子图以及各子图之间相互跳转和设计目录管理等功能。

Graph:图形菜单。它具备一系列丰富的功能,包括对仿真图形的编辑,增添仿真曲线与仿真图形,查看相关日志,进行数据的导出,清除已有数据,以及开展一致性分析等。

Debug:调试菜单。它包括启动调试、执行仿真、单步运行、断点设置和重新排布弹出窗口等功能。

Library:库操作菜单。它具有选择元件及符号、制作元件及符号、设置封装工具、分解元件、编译库、自动放置库、校验封装和调用库管理器等功能。

Template:模板菜单。它包括设置图形格式、文本格式、设计颜色,以及连接点和图形等功能。

System:系统设置菜单。它包括设置系统环境、路径、图纸尺寸、标注字体、热键、仿真参数和模式等。

Help:帮助菜单。它包括版权信息、Proteus ISIS 学习教程和示例等。

1.3.2　工具栏

工具栏中的每一个按钮,均精准对应着一个特定的菜单命令,其根本宗旨在于让用户能够更加快捷和便利地运用命令。当用户拣选相应的工具箱图标按钮时,系统会立刻提供各式各样的操作工具。对象选择器会依照所选取的不同工具箱图标按钮,来确切地判定当前状态下所展示的内容。所显示对象的类别繁多,其中涵盖了元器件、终端、引脚、图形符号、标注以及图表等。表 1.3.1 列举了主要工具栏按钮及对应菜单和功能。

表 1.3.1　主要工具栏按钮功能

按钮	对应菜单	功　能
	New Project	新建项目
	Open Project	打开项目
	Save Project	保存项目
	Close Project	关闭项目
	Home Page	打开主页
	Schematic Capture	原理图绘制
	PCB Layout	PCB 布局
	3D Visualizer	3D 观察器
	Gerber Viewer	PCB 观察器
	Design Explorer	设计资源管理器
	Bit of Material	材料清单
	Source Code	源文件代码
	Project Notes	项目笔记
	Overview	综述
Base Design	Variant Selector	多项选择
	Redraw Display	刷新显示
	Toggle Grid	切换栅格
	Toggle False Origin	切换伪原点
	Center at Cursor	以光标为中心

续表

按钮	对应菜单	功　能
	Zoom in	放大
	Zoom out	缩小
	Zoom to View Entire Sheet	缩放至显示整张图纸
	Zoom to Area	缩放至指定区域
	Undo Changes	撤销
	Redo Changes	恢复
	Cut to Clipboard	剪切
	Copy to Clipboard	复制
	Paste from Clipboard	粘贴
	Block Copy	(块)复制
	Block Move	(块)移动
	Block Rotate	(块)旋转
	Block Delete	(块)删除
	Pick Parts	拾取元件或符号
	Make Device	制作元件
	Packaging Tool	封装工具
	Decompose	分解元件
	Wire Auto Router	自动布线器
	Search and Tag	查找并标记
	Property Assignment Tool	属性分配工具
	New (root) Sheet	新建图纸
	Remove Sheet	移去图纸
	Exit to Parent Sheet	转到主原理图
	Electrical Rule Check	生成电气规则检查报告

1.3.3 工具箱

工具箱中的按钮及其功能介绍如下。

Selection Mode 按钮:选择模式,可以单击任意元件并编辑元件的属性。

Component Mode 按钮:拾取元件。

Junction Dot Mode 按钮:放置节点可在原理图中标注连接点。

Wire Label Mode 按钮:标注线段或网络名。

Text Script Mode 按钮:输入文本。

Buses Mode 按钮:绘制总线和总线分支。

Subcircuit Mode 按钮:绘制电子块。

Terminals Mode 按钮:在对象选择器中列出各种终端(输入端、输出端、电源和地等)。

Device Pins Mode 按钮:在对象选择器中列出各种引脚(如普通引脚、时钟引脚、反电压引脚和短接引脚等)。

Graph Mode 按钮:在对象选择器中列出各种仿真分析所需的图表(如模拟图表、数字图表、混合图表和噪声图表等)。

Active Popup Mode 按钮:对设计电路分割仿真时采用此模式。

Generator Mode 按钮:在对象选择器中列出各种激励源(如正弦激励源、脉冲激励源、指数激励源和文件激励源等)。

Probe Mode 按钮:可在原理图中添加探针(如电压探针和电流探针)。

Virtual Instruments Mode 按钮:在对象选择器中列出各种虚拟仪器(如示波器、逻辑分析仪、定时/计数器和模式发生器等)。

除了上述图标按钮外,系统还提供了 2D 图形模式按钮,可供画线、画弧等。

2D Graphics Line Mode 按钮:直线图标,用于创建元件或表示图表时画线。

2D Graphics Box Mode 按钮:方框图标,用于创建元件或表示图表时绘制方框。

2D Graphics Circle Mode 按钮:圆图标,用于创建元件或表示图表时画圆。

2D Graphics Arc Mode 按钮:弧线图标,用于创建元件或表示图表时绘制弧线。

2D Graphics Closed Path Mode 按钮:任意形状图标,用于创建元件或表示图表时绘制任意形状图标。

2D Graphics Text Mode 按钮:文本编辑图标,用于插入各种文字说明。

2D Graphics Symbols Mode 按钮:符号图标,用于选择各种符号器件。

2D Graphics Markers Mode 按钮:标记图标,用于产生各种标记图标。

对于具有方向性的对象,系统还提供了各种旋转图标按钮(需要选中对象)。

Rotate Clockwise 按钮:顺时针方向旋转按钮,以 90°偏置改变元件的放置方向。

Rotate Anti-clockwise 按钮:逆时针方向旋转按钮,以 90°偏置改变元件的放置方向。

X-mirror 按钮:水平镜像旋转按钮,以 Y 轴为对称轴,按 180°偏置旋转元件。

Y-mirror 按钮:垂直镜像旋转按钮,以 X 轴为对称轴,按 180°偏置旋转元件。

1.4　设计过程简介

电路原理图的设计流程如图 1.4.1 所示。

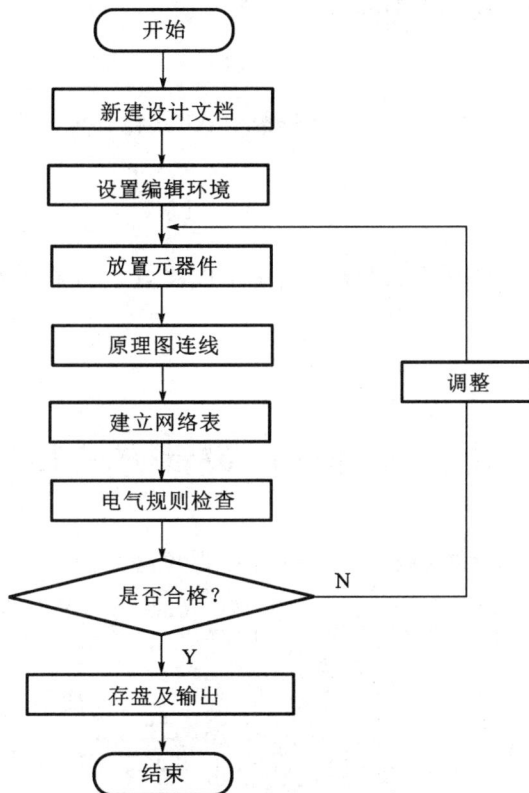

图 1.4.1　原理图设计流程

原理图的具体设计步骤如下：

1. 新建设计文档

在进入原理图设计之前，首先要构思好原理图，即必须知道所设计的项目需要哪些电路来完成，用何种模板。

2. 设置编辑环境

根据电路复杂程度来确定合适的图纸规格及注释的风格等。

3. 放置元器件

根据需要通过"Library"（库）菜单浏览并选择所需的电子元件，如电阻、电容、芯片等，并将其放置放到图纸合适的位置。

4. 原理图连接（布线）

根据原理图使用导线工具将各个元器件按照电路的逻辑关系进行连接,同时从元器件库中选取合适的电源和接地符号,并连接到电路中。

5. 建立网络表

网络表是电路板与电路原理图之间的纽带。建立的网络表的目的是用于 PCB 制板。

6. 电气检查

完成原理图布线后,利用 Proteus ISIS 提供的工具检查电路中是否存在短路、断路等电气错误。

7. 存盘及输出

将设计好的电路原理图保存,以便后续使用或修改。如果有需要,可以将电路原理图打印输出。

1.5 电路原理图的设计方法和步骤

下面以图 1.5.1 所示计数器电路为例介绍电路原理图的设计方法和步骤。

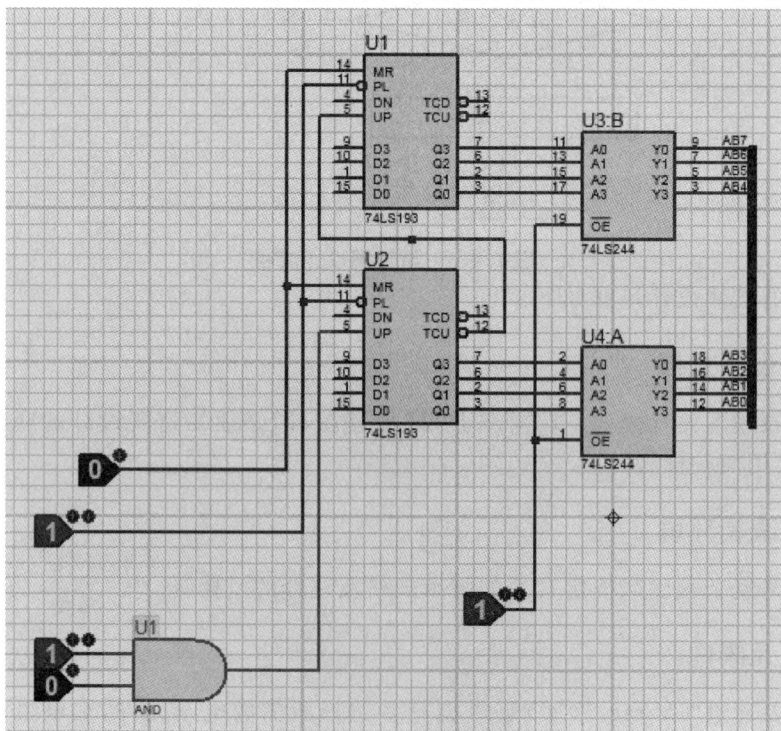

图 1.5.1 计数器电路

1. 创建一个新的设计文件

首先进入 Proteus ISIS 编辑环境。选择 File→New Project 菜单项,在弹出的对话框中选择 DEFAULT 模板,并将新建的设计保存到自己的目录下,在此选择 F 盘为根目录,保存文件名为 jishuqi,如图 1.5.2 所示。

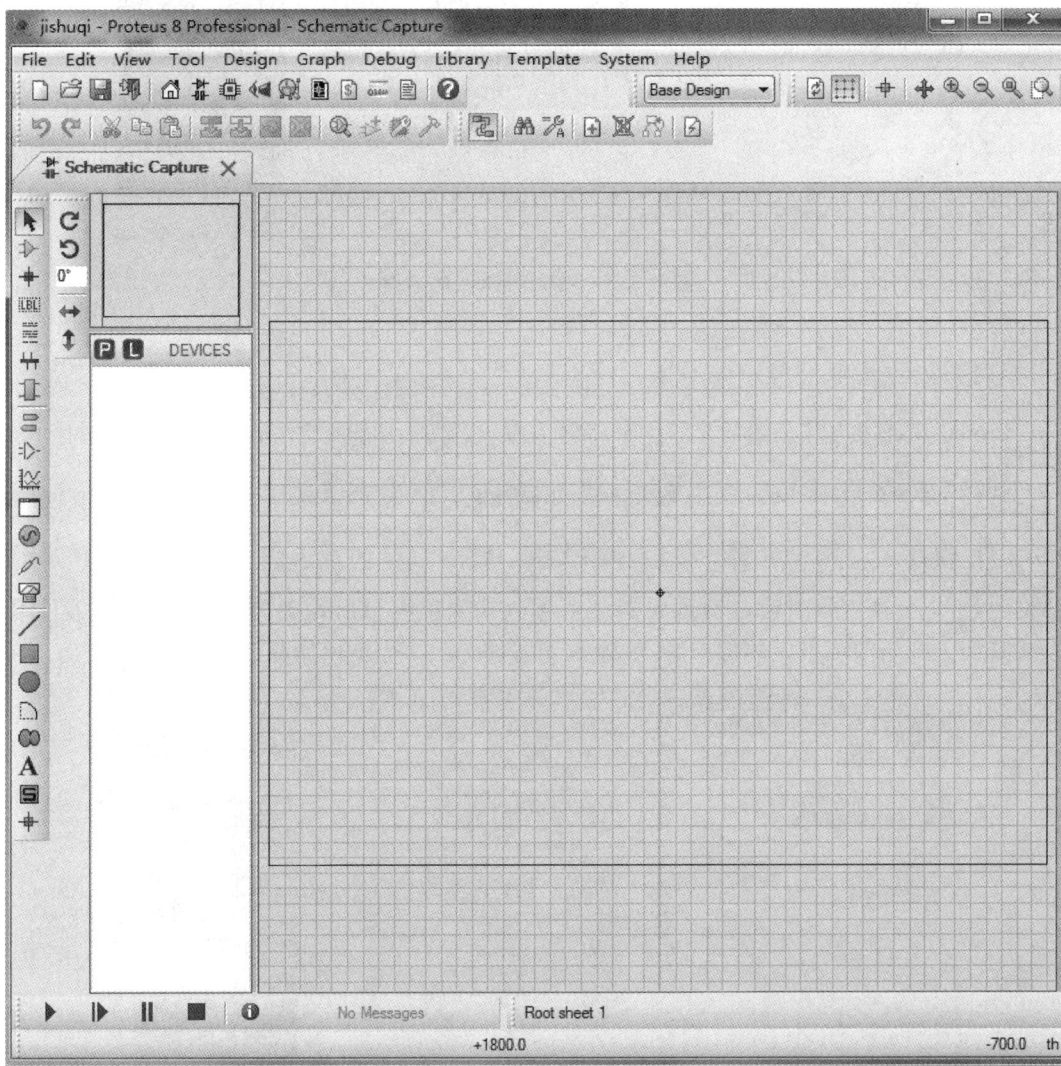

图 1.5.2　计数器设计文件

2. 设置工作环境

本例所用环境参数选默认即可,无需设置。具体模块对话框如图 1.5.3 所示。

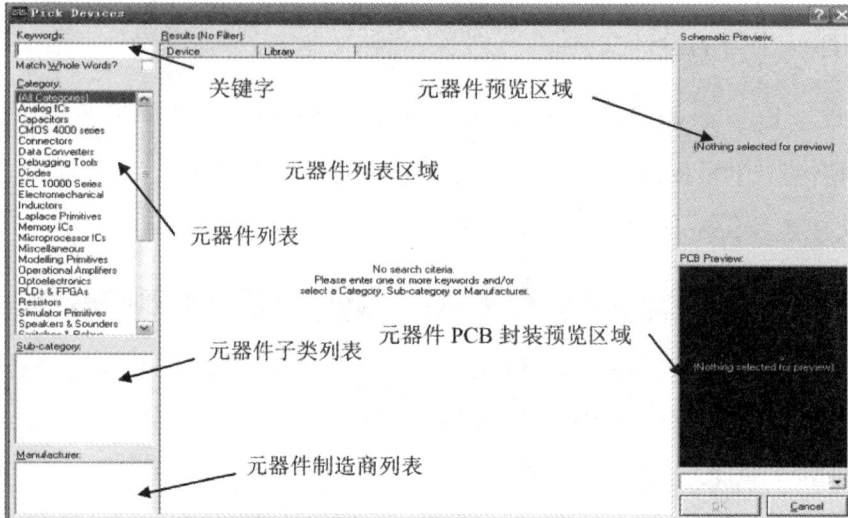

图 1.5.3 Pick Devices 对话框

3. 提取元器件

Proteus ISIS 提供了大量的元器件库,利用其强大的搜索功能来完成查找元器件,步骤如下:

选择 Library→Pick Devices 菜单项,或在元器件模式下(绘图工具栏中的 ▷ (Component

Mode)按钮按下)直接点击 🅿 按钮,弹出如图 1.5.3 所示的对话框。在图 1.5.3 所示对话框中,可以分类查找或通过输入元器件名称查找当前项目所需要的元件,双击元器件可以将其加入到当前项目元器件库中,如输入元器件 74193 会出现如图1.5.4 所示的页面。

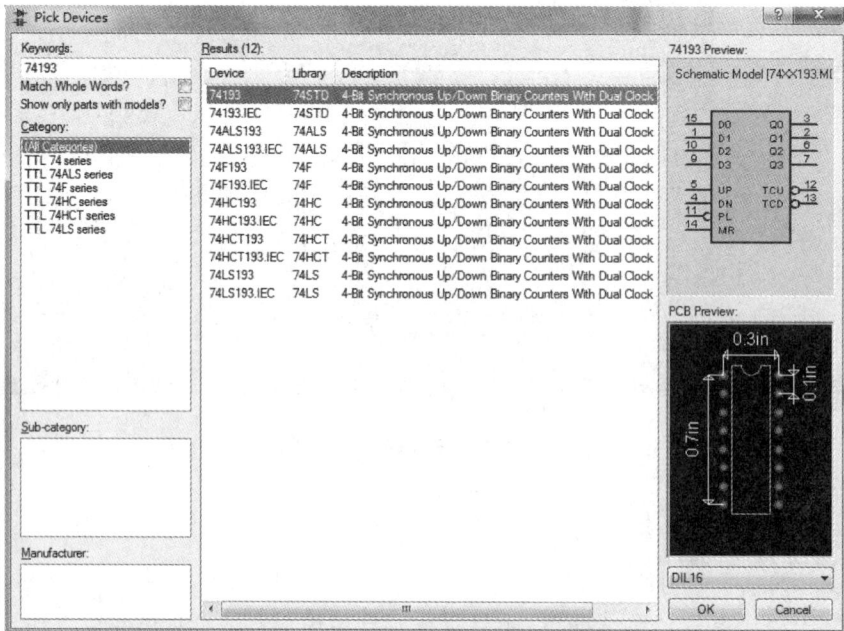

图 1.5.4 添加 74193 系列芯片

4. 放置元器件

在当前设计文档中的对象选择器中添加元器件后,就可以在原理图中放置元器件,点击放置,如图 1.5.5 所示。

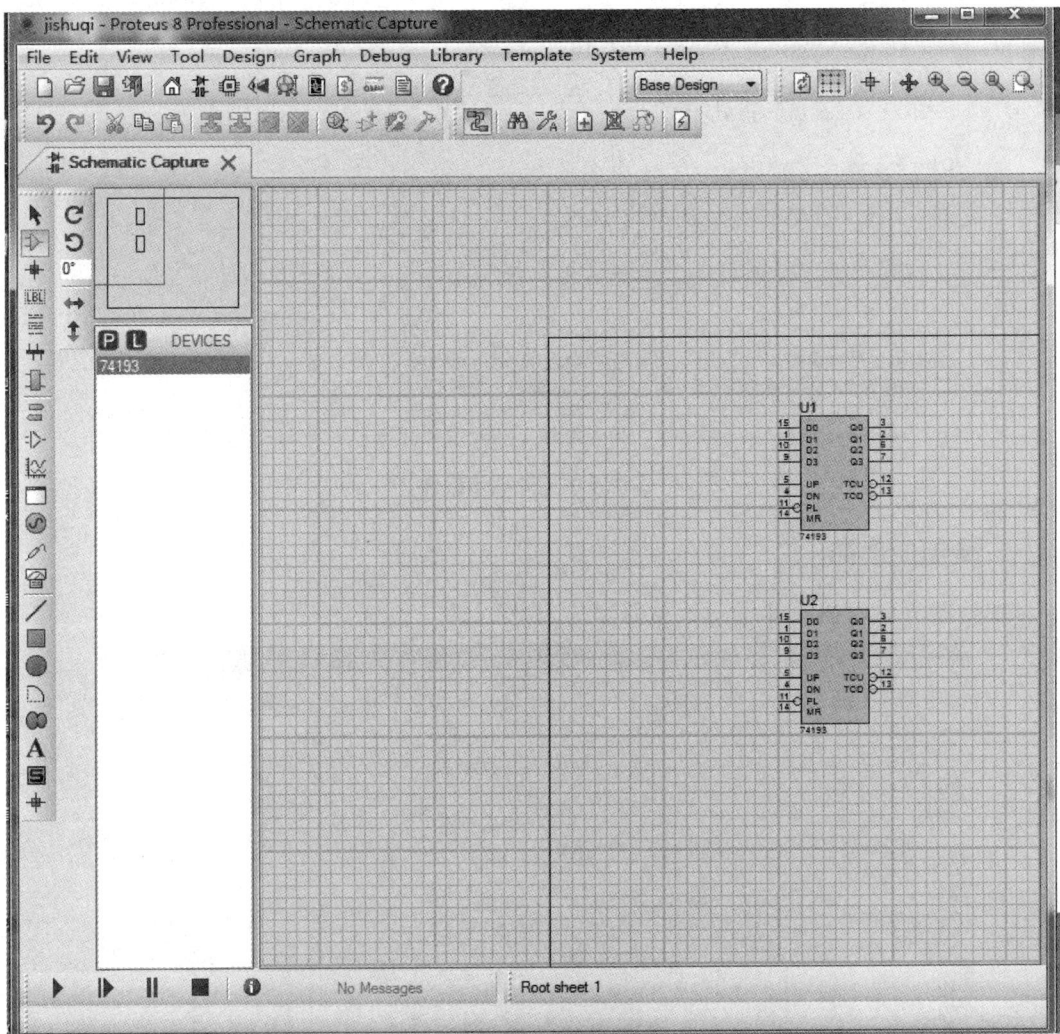

图 1.5.5　放置元器件

不断重复上面的操作,依次添加计数器电路中的元器件 74LS193、74LS244、逻辑与 AND、电平信号 LOGICSTATE、脉冲信号 LOGICTOGGLE 等。

5. 编辑元器件

元器件的编辑在图 1.5.6 中进行,单击鼠标右键,可以根据需要选择对应的编辑框进行编辑,如修改元器件名称、元器件值等。选择 Edit Component,弹出如图 1.5.6 所示的编辑界面。

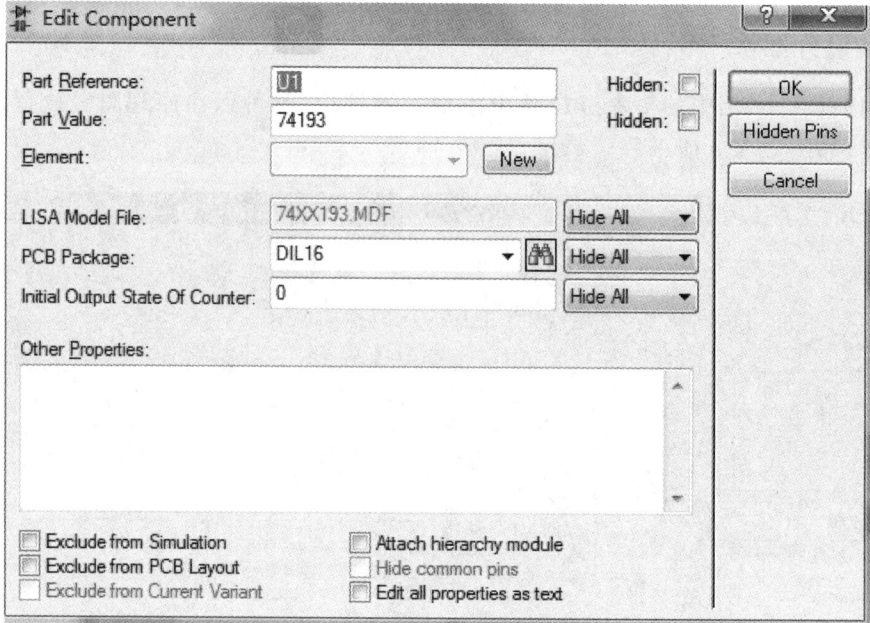

图 1.5.6　编辑元器件

6. 绘制原理图

在绘图界面根据设计思路添加元器件,如图 1.5.7 所示。

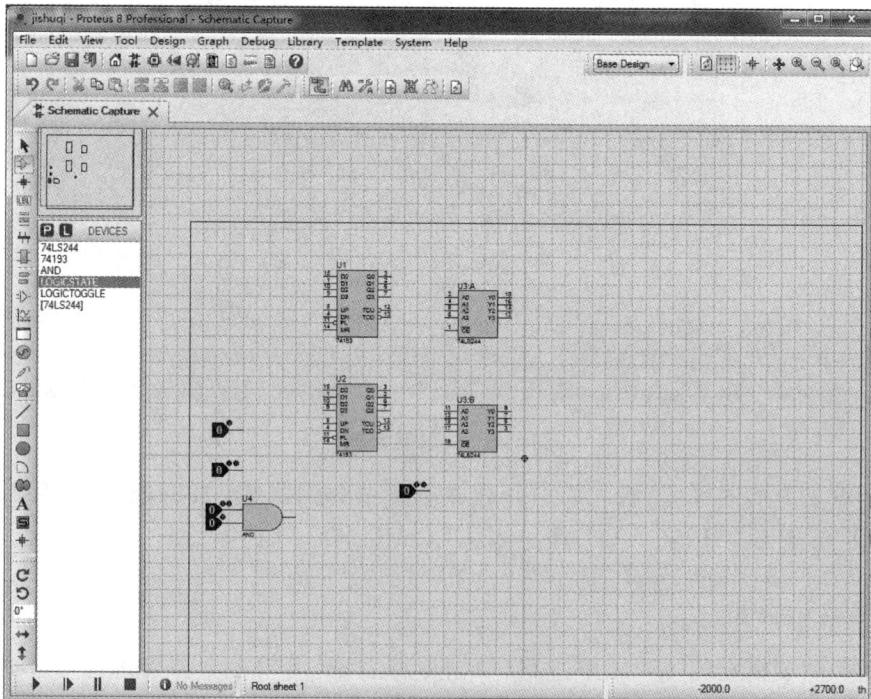

图 1.5.7　添加元器件

元器件添加完毕,开始绘制电路图。选择左边快捷栏中的 ╱ (2D Graphics Line Mode)按钮,按照电路图连接。单击工具箱中的 ╬ (Buses Mode)按钮可以进入总线操作模式。这里需要注意是父电路总线还是子电路总线。最终完成电路图如图 1.5.8 所示。

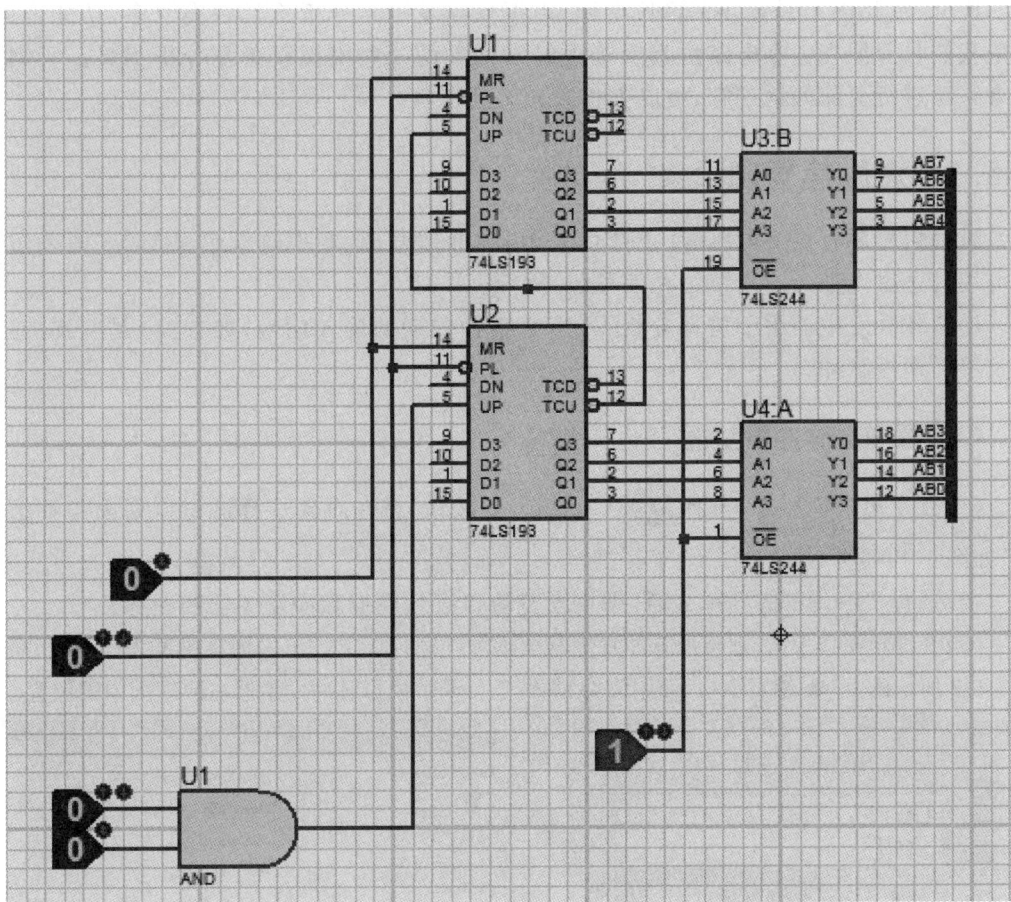

图 1.5.8　计数器电路图

7. 建立网络表

网络表是指在一个设计中有电气连接的电路。在 Proteus ISIS 中,彼此互连的一组元器件引脚称为一个网络。

8. 对原理图进行电气规则检查

选择 Tools→Electrical Rule Check,出现电气规则检查报告单。

9. 存盘

将设计好的原理图文件存盘。

1.6 Proteus 8.15 的电子仿真工具

Proteus ISIS 软件提供的激励电源、虚拟仪器及电路分析工具种类繁多,功能强大,这里我们只介绍在数字电路仿真实验中经常用到的一些虚拟设备及分析工具。大家如果有兴趣进行更深入地了解,可以去查阅相关的资料。

1.6.1 激励信号源

激励信号源有直流电压源、正弦信号源、脉冲信号源、频率调制信号源等(图表仿真也可用),这里详细介绍模拟脉冲信号源。

模拟脉冲发生器用于仿真分析,可产生各种周期的输入信号,如方波、锯齿波、三角波及单周期短脉冲。

1. 放置模拟脉冲发生器

(1)在左边快捷栏中,选择 ⊙ (Generator)按钮,将在对象选择器窗口列出各种信号源,如图 1.6.1 所示。

(2)选择 PULSE 信号源之后,则在预览窗口显示模拟脉冲发生器的图标。

(3)在编辑窗口单击,则模拟脉冲发生器被添加到原理图上。单击模拟脉冲发生器,出现如图 1.6.2 所示的 Pusle 编辑窗口,使用镜像、翻转工具调整模拟脉冲发生器在原理图中的位置。

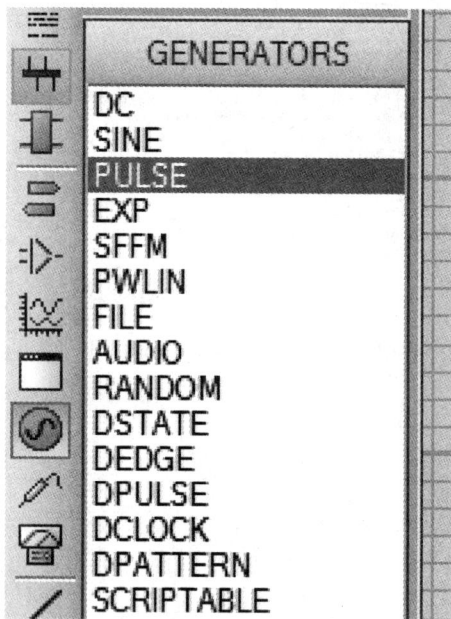

图 1.6.1 各种信号源

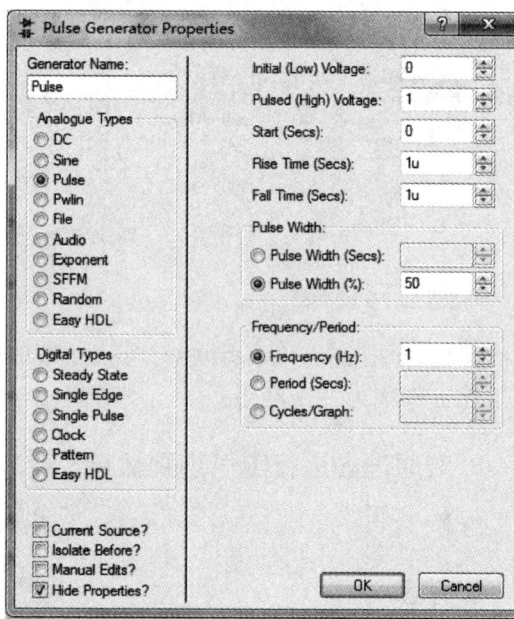

图 1.6.2 Pusle 编辑窗口

2. 编辑模拟脉冲发生器

(1)单击模拟脉冲发生器,进入模拟脉冲发生器编辑对话框。PULSE 为带有幅值、周期和上升/下降时间控制的模拟脉冲发生器,在对话框中其参数的意义如下:

Initial(Low)Voltage——初始(低)电平;

Pulsed(High)Voltage——脉冲(高)电平;

Start(Secs)——起始时刻;

RiseTime(Secs)——上升时间;

FallTime(Secs)——下降时间;

Pulse Width——脉冲宽度,它有两种方法设置,其中 Pulse Width(Secs)表示脉冲宽度,Pulse Width(%)表示占空比;

Frequency/Period——频率或周期,用于设置频率值或周期数。

(2)选择 Current Source 复选框,对模拟脉冲发生器电流值进行编辑。

(3)在 Generator Name 下的文本框中键入发生器的名称,并在相应的项目中设置合适的参数。

(4)设置完成后,单击"OK"按钮。至此,信号输入源编辑完成。

1.6.2　虚拟仪器示波器

在如图 1.6.3 所示的图中点击左列工具栏中的 ☑ (Virtual InstrUments Mode)按钮,在"INSTRUMENTS"列表中选择"OSCILLOSCOPE",即选中虚拟示波器。虚拟示波器与真实的示波器功能基本一样。

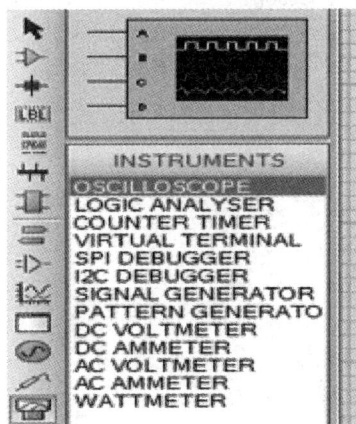

图 1.6.3　Virtual Instrument 工具　　　图 1.6.4　虚拟示波器符号

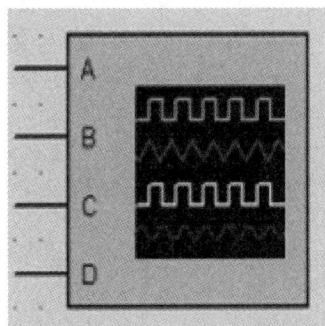

示波器有 4 个输入通道,可以同时显示四路信号波形,如图 1.6.4 所示。它的每个通道的控制按钮的功能一样,各通道面板颜色与对应的波形颜色一致。示波器界面如图 1.6.5 所示,这是一个四通道的示波器,可以同时观测四路输入信号。在仿真界面中,按下"运行"按钮,将在绘图区弹出虚拟示波器界面,点击左键即可完成虚拟示波器放置,A、B、C、D 为其 4 个输入通道,连接到要测试的波形即可。

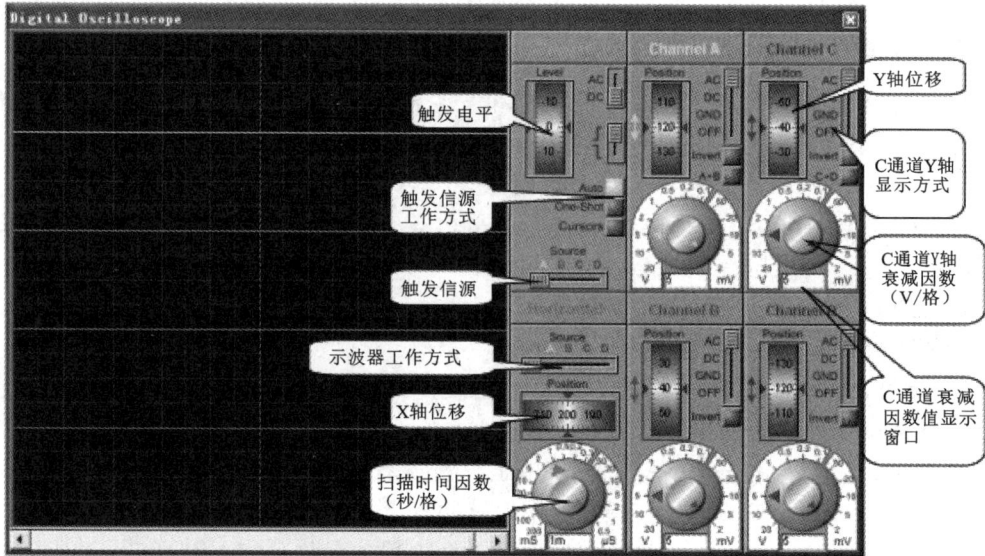

图 1.6.5　示波器界面

运行仿真,示波器显示面板会自动打开,如果未弹出示波器界面,需按图 1.6.6 所示来操作:点击 Debug→Vertical Tile Popup Windows,选中 Digital Oscilloscope,即可弹出示波器界面。

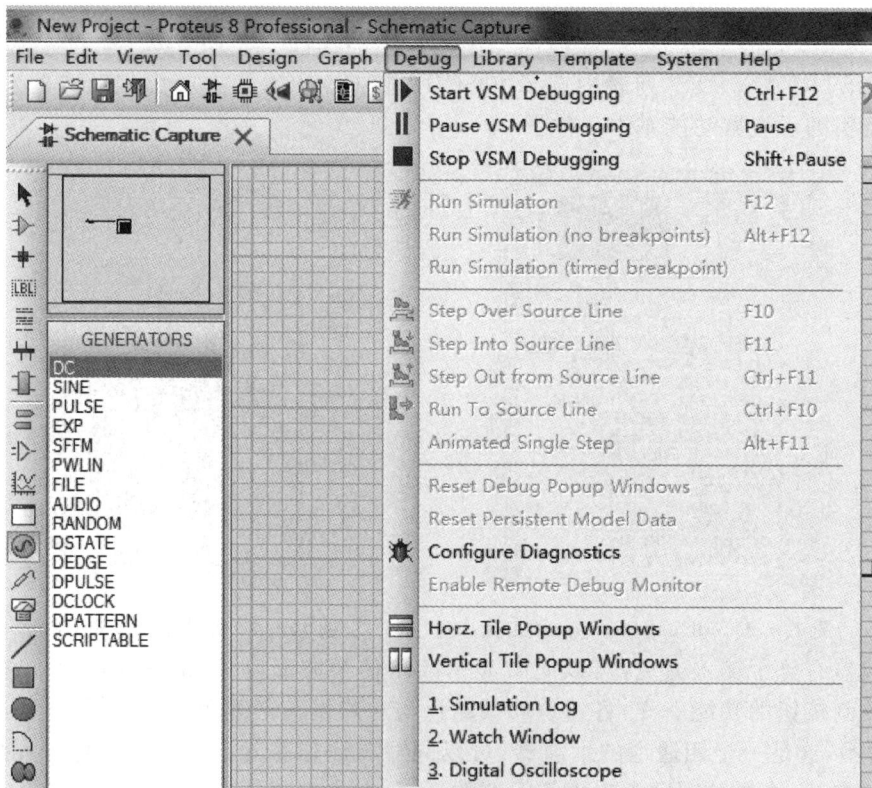

图 1.6.6　Debug 界面

需要注意的是,在使用示波器显示时,要使输出波形处于显示屏中间的位置;调节时基控制按钮改变每格扫描的时间基数,使波形水平方向所占格数合适;调节 Y 轴增益控制旋钮改变每格所代表的电压值,使波形垂直方向所占格数合适。

1.7　层次原理图设计

与支持通常的多图纸设计过程相同,Proteus ISIS 同样支持层次设计。在面对一个规模较大且极为复杂的电路图时,一次性完成整个设计几乎是不可能实现的,将这样的电路图绘制在一张图纸上也不切实际,并且仅靠一个人单独完成更是难上加难。借助层次化电路图能够显著提升设计的速度。其原理在于,能够依据功能把这种复杂的电路图划分成为若干个模块,然后由不同的人员分别负责完成各个模块,从而实现多层次的并行设计。具体设计步骤如下。

(1)单击工具箱父电路模式图标 按钮,并在编辑窗口拖动,拖出父电路模块图,如图 1.7.1 所示。

(2)选中父电路模块,如图 1.7.1 所示,编辑父电路模块如图 1.7.2 所示,并设置实体名(Name)和电路名称(Circuit)。

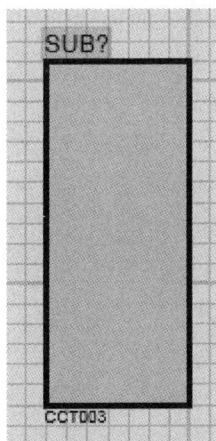

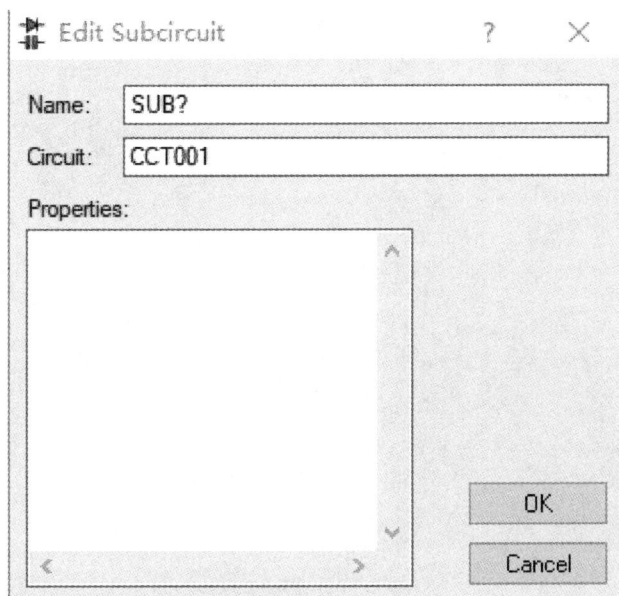

图 1.7.1　父模块图　　　　　　图 1.7.2　父模块编辑图

(3)从对象选择器中选择合适的输入/输出端口,放置在父电路模块的左右两侧。在对象选择器中选择"INPUT",并在矩形框的左边框线上单击一次,生成一个输入端。

(4)在对象选择器中选择"OUTPUT",并在矩形框的右边框线上单击一次,生成一个输出端。

（5）选中输入/输出端口，直接编辑端口名称。

（6）将光标放在父电路模块图上，点右键，选择"Goto Child Sheet"菜单项，此时自动打开一个新的绘图画面。

（7）在新的绘图画面中，将以前的实验电路，编辑成子电路模块，确认输入/输出端口的连线并编辑输入/输出端口名称。

（8）画好子电路图，使输入/输出的端口引脚名称与父电路保持完全一致。

（9）编辑子电路图完毕，在子电路图中单击右键，选择"Exit to Parent Sheet"菜单项，返回主设计图页。

（10）将创建好的子电路模块放到主电路中合适的位置，连接电路，完成层次电路的设计。

第 2 篇

数字逻辑实验

实验一　组合逻辑电路的分析与设计

　　组合逻辑电路是由各种集成逻辑门(如与门、或门、非门等)按照一定要求连接并实现某种逻辑功能而构成的一类数字电路。这类电路的主要特点是:在任意指定时刻的稳态输出仅取决于该时刻的输入状态,而与以前的状态无关。因此,组合逻辑电路输出只取决于当前的输入。在电路结构上,组合逻辑电路信号流向是单向性的,没有从输出端反馈到输入端的反馈回路;电路一般由逻辑门构成,不含有记忆元件;组合逻辑电路的输出与输入之间存在一定的延迟时间。

1. 组合逻辑电路的基本特性

1)无记忆性

组合逻辑电路的输出只依赖于当前输入,与历史状态无关。

2)即时响应

电路的输出随着输入的变化而立即发生改变(理想情况下,忽略传播延迟)。

3)无时序依赖

组合逻辑电路不涉及时钟信号或时序控制,无反馈回路。

2. 常见的组合逻辑门

1)与门(AND)

逻辑表达式为 $Y = A \cdot B$,只有当所有输入均为"1"时,输出为"1",否则输出为"0"。

2)或门(OR)

逻辑表达式为 $Y = A + B$,只要有一个输入为"1",输出就为"1",否则输出为"0"。

3)非门(NOT)

逻辑表达式为 $Y = \overline{A}$,输出为输入的反值。

4)异或门(XOR)

逻辑表达式为 $Y = A \oplus B$,只有当输入不相等时,输出为"1",否则为"0"。

5)与非门

逻辑表达式为 $Y = \overline{A \cdot B}$,只有当所有输入均为"1"时,输出为"0",否则输出为"1"。

6)或非门

逻辑表达式为 $Y = \overline{A + B}$,只要有一个输入为"1",输出就为"0",否则输出为"1"。

3. 组合逻辑电路的设计过程

设计一个组合逻辑电路通常包括以下几个步骤。

(1)问题分析与需求定义:明确电路的输入和输出,确定电路的功能需求。

(2)逻辑表达式推导:根据需求,推导出输入和输出之间的关系,通常借助真值表、卡诺图或代数方法来实现。

(3)简化逻辑表达式:如果有复杂的逻辑表达式,使用布尔代数、卡诺图或其他方法来简化逻辑,从而减少所需的逻辑门数量。

(4)逻辑门实现:根据简化后的逻辑表达式选择适当的逻辑门,并将这些逻辑门连接起来实现电路。

一、实验目的

掌握用小规模集成电路进行组合逻辑电路设计与分析的方法。

(1)深入理解组合逻辑电路的工作原理:掌握组合逻辑电路中各种逻辑门的组合方式以及信号的传输和处理过程,如与门、或门、非门等基本逻辑门以及由它们构成的复杂组合逻辑电路。

(2)掌握组合逻辑电路的分析方法:学会运用真值表、逻辑函数表达式等工具对给定的组合逻辑电路进行分析,准确判断其逻辑功能。

(3)培养组合逻辑电路的设计能力:根据特定的逻辑功能要求,能够独立设计出合理的组合逻辑电路,包括选择合适的逻辑门、确定电路的连接方式以及优化电路结构。

(4)培养严谨的科学态度和创新思维:在实验的设计、实施和结果分析过程中,培养认真细致、实事求是的科学态度,同时鼓励学生尝试不同的设计方案,激发创新思维。

二、实验要求

1. 了解组合逻辑电路的工作原理,完成简单组合逻辑电路设计。

2. 完成测试电路及全加/全减器电路实验,按照实验步骤完成实验项目;了解组合逻辑电路的设计和运行过程。

3. 撰写实验报告,主要包括以下内容:

(1)实验目的；

(2)写出详细的实验步骤,记录实验数据；

(3)实验思考题的讨论。

4.实验所用芯片包括以下几种:

(1)二输入四与非门 1 片,型号为 74LS00；

(2)二输入四与门 1 片,型号为 74LS08；

(3)三输入三与非门 1 片,型号为 74LS10；

(4)三输入三或非门 1 片,型号为 74LS27；

(5)二输入四异或门 1 片,型号为 74LS86。

三、实验环境

1.装有 Windows 操作系统的微型计算机。

2.装有 Proteus 软件。

四、实验内容及步骤

1.分析图 2.1.1 中所示电路中的输出函数 Y_1 和 Y_2 的逻辑功能,并测试输出函数 Y_1 和 Y_2 的逻辑值,写出它们的逻辑函数表达式。

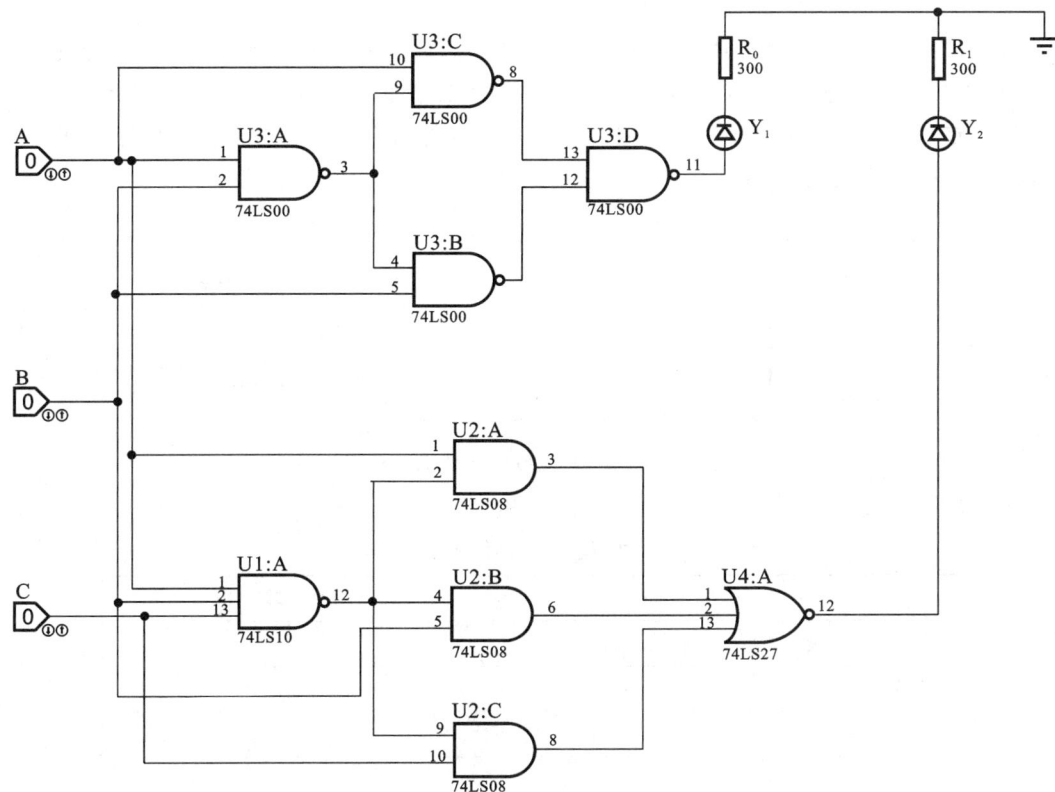

图 2.1.1　测试电路

(1)电路如图 2.1.1 所示。在 Proteus 环境中,运行该电路。通过拨动开关输入各种输入变量取值,每输入一组变量后观察显示灯的情况,并将结果记录在表 2.1.1 中。

表 2.1.1　电路测试表

输　入			输　出	
A	B	C	Y_1	Y_2
0	0	0		
0	0	1		
0	1	0		
0	1	1		
1	0	0		
1	0	1		
1	1	0		
1	1	1		

(2)根据表 2.1.1 的测试结果,分析图 2.1.1 中测试电路的输出函数 Y_1 和 Y_2 的逻辑功能,并写出输出函数 Y_1 和 Y_2 的逻辑关系表达式。

$Y_1 =$

$Y_2 =$

2. 用给定的集成电路芯片设计一个全加/全减器。该电路的框图如图 2.1.2 所示,A 表示被加数或被减数,B 表示加数或减数,C 代表来自低位的进位或借位,F 代表本位 "和"或"差",G 代表低位向高位的进位或借位,M 为控制变量。要求:当控制变量 M=0 时,实现全加器功能;当控制变量 M=1 时,实现全减功能。

图 2.1.2　全加/全减器逻辑电路框图

(1)在真值表 2.1.2 中填入输出函数逻辑值。

表 2.1.2　真值表

输　入				输　出	
M	A	B	C	F	G
0	0	0	0		
0	0	0	1		
0	0	1	0		
0	0	1	1		

续表

输　入				输　出	
M	A	B	C	F	G
0	1	0	0		
0	1	0	1		
0	1	1	0		
0	1	1	1		
1	0	0	0		
1	0	0	1		
1	0	1	0		
1	0	1	1		
1	1	0	0		
1	1	0	1		
1	1	1	0		
1	1	1	1		

(2)写出输出函数表达式：

$F(A,B,C)=$

$G(A,B,C)=$

(3)在 Proteus 环境中完成图 2.1.3 所示的全加/全减器逻辑电路图中所有的电路连线。将电路的输入端接开关,将电路的输出端接显示灯,调试并运行该电路。

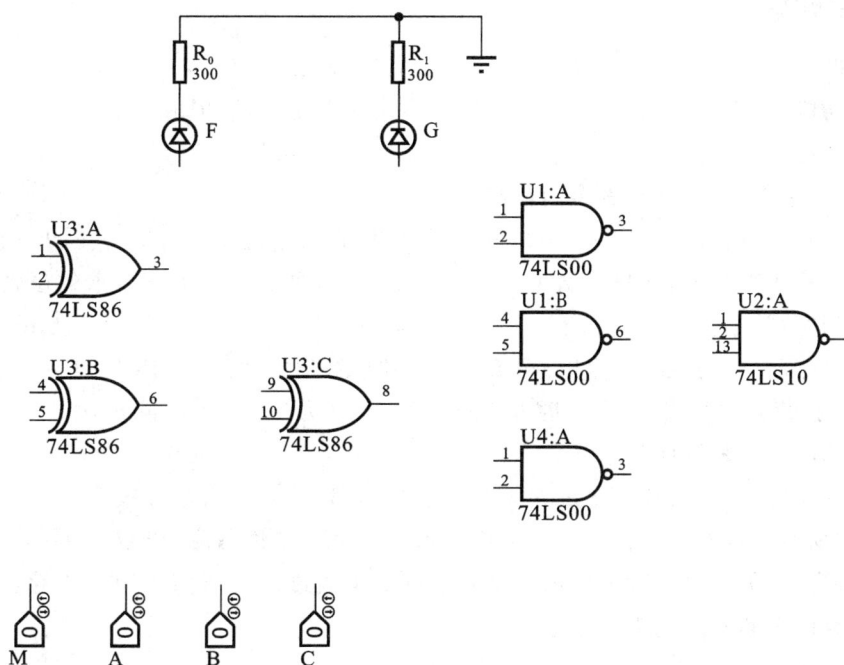

图 2.1.3　全加/全减器逻辑电路图

(4)通过拨动开关输入各种变量取值,每输入一组代码后观察显示灯的情况,并将结果记录在表 2.1.3 中。

表 2.1.3　全加/全减器逻辑电路测试表

输　　入				输　　出		输　　入				输　　出	
M	A	B	C	F	G	M	A	B	C	F	G
0	0	0	0			1	0	0	0		
0	0	0	1			1	0	0	1		
0	0	1	0			1	0	1	0		
0	0	1	1			1	0	1	1		
0	1	0	0			1	1	0	0		
0	1	0	1			1	1	0	1		
0	1	1	0			1	1	1	0		
0	1	1	1			1	1	1	1		

(5)检查记录结果是否实现了预定逻辑功能。如果功能有误,则对设计方案与实现方案做进一步检查,直到得到正确结果为止。

五、思考题

1. 组合逻辑电路分析有哪几个主要步骤?

2. 全加器与全减器有何异同?

3. 你所设计的全加/全减器电路是否最简?

六、设计训练题

1. 用两输入与非门设计一个三输入(I_0、I_1、I_2)和三输出(L_0、L_1、L_2)的信号排队电路。它的功能是:当输入 $I_0=1$ 时,无论 I_1 和 I_2 是 0 还是 1,输出 $L_0=1$,L_1 和 L_2 均为 0;当 $I_0=0$ 且 $I_1=1$ 时,无论 $I_2=0$ 还是 $I_2=1$,输出 $L_1=1$,其余两输出为 0;当 $I_2=1$ 且 I_0 和 I_1 均为 0 时,输出 $L_2=1$,其余两输出为 0。

2. 旅客列车分特快、直快和普快,并以此为优先通行次序。某站台在同一时间只能有一趟列车从车站开出,即只能给出一个开车信号,试画出满足上述要求的逻辑电路,要求用与非门实现。

3. 用与非门、非门设计一个"四舍五入"判别电路,输入为 8421BCD 码。要求当输入 8421BCD 码的值大于或等于 5 时,判别电路输出为"1",否则输出为"0"。同时用 74LS151 和门电路来设计此电路。

4. 用与非门、非门设计一个三人无弃权表决电路,即有三人参加投票表决,且只能投"赞成"或"反对"票,不能弃权。该电路还要求有一个工作状态控制输入变量 M,当 $M=1$ 时,电路实现"意见一致"功能(即需全部赞成则提案通过),而当 $M=0$ 时,电路实现"多数表决"功能(即多数赞成则提案通过)

实验二　并行加法器、译码器、数据选择器应用实验

并行加法器是能够完成多个位数的加法运算的电路,是实现数字相加运算的重要组件。二进制先行进位并行加法器是一种能并行产生两个 n 位二进制数"算术和"的逻辑部件,无需依赖低位进位,而是直接根据输入信号同时形成各位向高位的进位,从而减小由于进位信号逐级传送所用的时间,提高加法器的运算速度。在本实验中,通过使用并行加法器来构建 8 位补码加/减法器,可以深入理解补码加/减法器的工作原理,掌握多位数字的加/减法运算的实现方法。

译码器是对输入代码进行"翻译",将其转换成相应的输出信号。二进制译码器是一种能将 n 个输入变量变换成 2^n 个输出函数,且输出函数与输入变量的最小项具有对应关系的一种多输出组合逻辑电路。从结构上看,一个二进制译码器一般具有 n 个输入端、2^n 个输出端和一个(或多个)使能输入端。在使能输入端为有效电平时,对应每一组输入代码,仅一个输出端为有效电平,其余输出端为无效电平(与有效电平相反)。输出有效电平可以是高电平(称为高电平译码),也可以是低电平(称为低电平译码)。实验中,利用译码器可以实现对数字信号的解码和转换。

数据选择器是一种多路输入、单路输出的组合逻辑电路,其逻辑功能是从多路输入数据中选择一路送至数据输出端。通常,一个具有 2^n 个输入的数据选择器有 n 个选择控制变量,对应控制变量的每种取值组合选中相应的一路输入数据送至输出端。通过实验操作数据选择器,能够学会如何根据控制信号来灵活地选取所需的数据。

一、实验目的

1. 掌握用中规模集成电路实现组合逻辑电路的设计与实现方法。

2. 掌握 4 位超前进位二进制并行加法器 74LS283 的逻辑功能及使用方法。

3. 掌握 3-8 线译码器 74LS138 的逻辑功能及使用方法。

4. 掌握双 4 路数据选择器 74LS153 的逻辑功能及使用方法。

二、实验要求

1. 实验前的准备工作包括:做好实验预习,了解各芯片的功能和工作原理,完成用中规模集成电路实现组合逻辑电路的设计与实现。

2. 完成测试电路以及并行加法器、译码器、数据选择器的应用实验。按照实验步骤完成实验项目,了解并行加法器、译码器、数据选择器的逻辑功能及使用方法。

3. 撰写实验报告,主要包括以下内容:

(1)实验目的；

(2)写出详细的实验步骤，记录实验数据；

(3)实验思考题的讨论。

4.实验所用芯片包括以下几种：

(1)4 位超前进位二进制并行加法器，型号为 74LS283；

(2)3-8 线译码器 1 片，型号为 74LS138；

(3)双 4 路数据选择器 1 片，型号为 74LS153；

(4)三输入三与非门 1 片，型号为 74LS10；

(5)二输入四异或门 1 片，型号为 74LS86。

三、实验环境

1. 装有 Windows 操作系统的微型计算机。

2. 装有 Proteus 软件。

四、实验内容

1. 74LS138 逻辑功能测试。

2. 74LS153 逻辑功能测试。

3. 应用 74LS283 和一些门电路实现 4 位二进制补码加/减法器的功能。

4. 应用译码器和一些门电路实现组合逻辑函数功能。

5. 应用数据选择器实现组合逻辑电路。

五、实验步骤

1.74LS138 逻辑功能测试

74LS138 逻辑功能测试电路图如图 2.2.1 所示。当器件使能端 $S_1 = 1, \overline{S}_2 + \overline{S}_3 = 0$ 时，地址码所指定的输出端有信号(为 0)输出，其他所有输出端均无信号(全为 1)输出。

当 $S_1 = 0, \overline{S}_2 + \overline{S}_3 = \times$ 或 $S_1 = \times, \overline{S}_2 + \overline{S}_3 = 1$ 时，译码器被禁止，所有输出同时为 1。拨动相应的开关，在表 2.2.1 中填入测试的逻辑值，并分析结果是否正确。

表 2.2.1　74LS138 译码器真值表

输　入					输　出							
S_1	$\overline{S}_2 + \overline{S}_3$	A_2	A_1	A_0	$\overline{Y}_7$	$\overline{Y}_6$	$\overline{Y}_5$	$\overline{Y}_4$	$\overline{Y}_3$	$\overline{Y}_2$	$\overline{Y}_1$	$\overline{Y}_0$
1	0	0	0	0								
1	0	0	0	1								
1	0	0	1	0								

续表

输　入					输　出							
S_1	$\overline{S}_2+\overline{S}_3$	A_2	A_1	A_0	$\overline{Y}_7$	$\overline{Y}_6$	$\overline{Y}_5$	$\overline{Y}_4$	$\overline{Y}_3$	$\overline{Y}_2$	$\overline{Y}_1$	$\overline{Y}_0$
1	0	0	1	1								
1	0	1	0	0								
1	0	1	0	1								
1	0	1	1	0								
1	0	1	1	1								
0	×	×	×	×								
×	1	×	×	×								

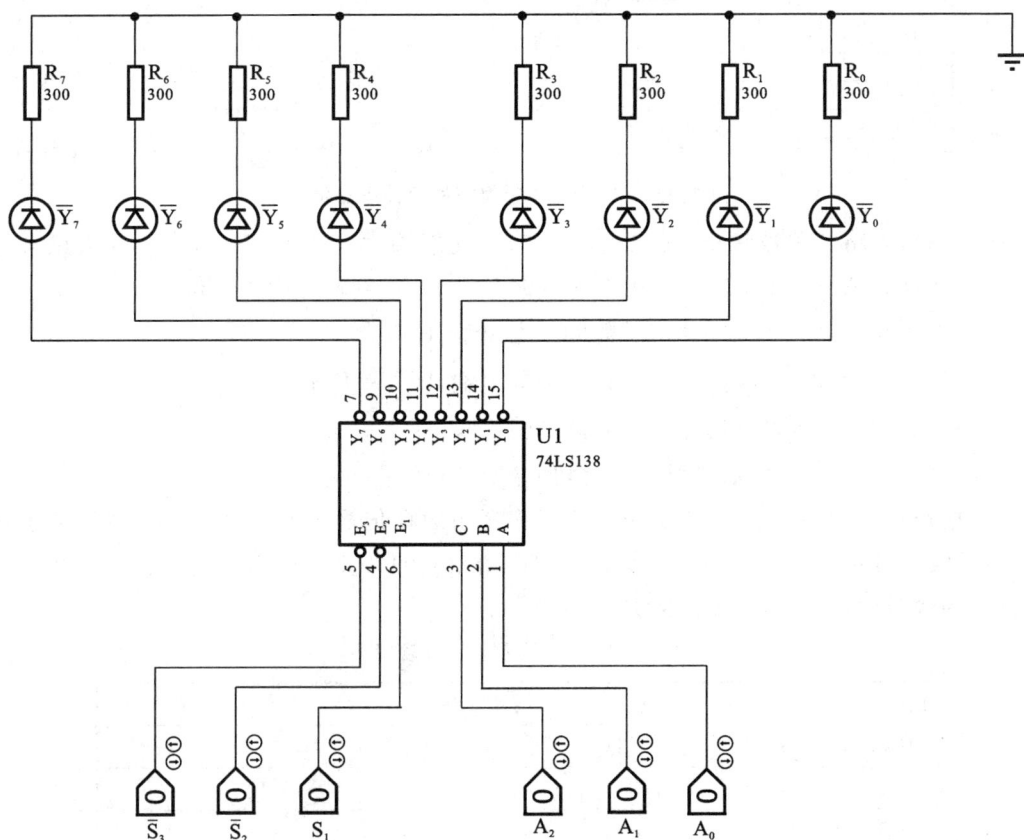

图 2.2.1　74LS138 逻辑功能验证电路图

2. 74LS153 逻辑功能测试

74LS153 逻辑功能测试电路图如图 2.2.2 所示。

74LS153 是双四选一数据选择器,就是在一块集成芯片上有两个双四选一数据选择器。1G、2G 为两个独立的使能端;A_1、A_0 为公用的地址输入端;$1D_0 \sim 1D_3$ 和 $2D_0 \sim 2D_3$ 分别为两个双四选一数据选择器的数据输入端;1Y、2Y 为两个输出端。当使能端 1G

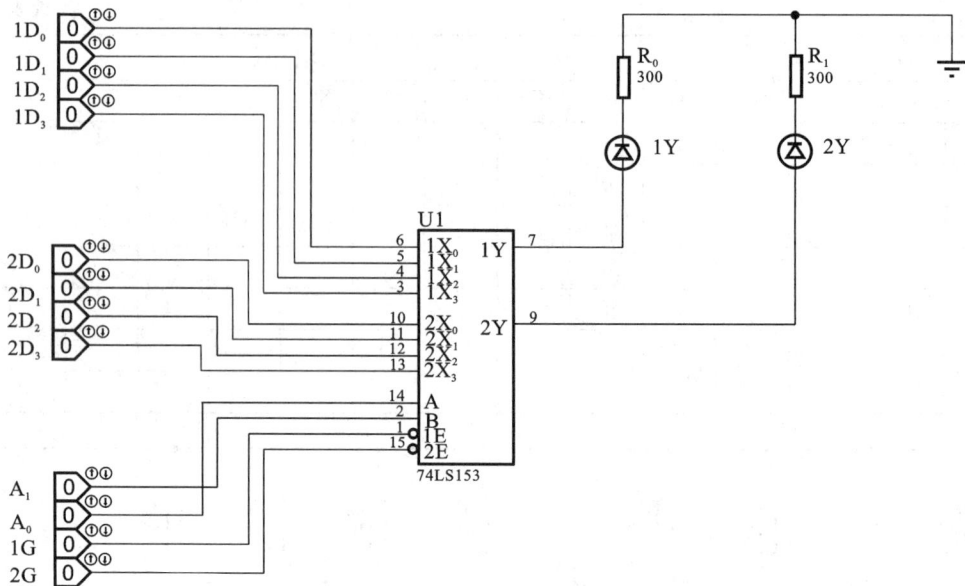

图 2.2.2 74LS153 逻辑功能验证电路图

(2G)=1 时,多路开关被禁止,无输出,Y=0;当使能端 1G(2G)=0 时,多路开关正常工作,根据地址码 A_1、A_0 的状态,将相应的数据 $D_0 \sim D_3$ 送到输出端 Y。例如:

(1)当 $A_1 A_0$=00 时,则选择 D_0 数据到输出端,即 $Y=D_0$;

(2)当 $A_1 A_0$=01 时,则选择 D_1 数据到输出端,即 $Y=D_1$;

(3)当 $A_1 A_0$=10 时,则选择 D_2 数据到输出端,即 $Y=D_2$;

(4)当 $A_1 A_0$=11 时,则选择 D_3 数据到输出端,即 $Y=D_3$。

数据选择器的用途很多,例如可以实现多通道数据传输序列信号产生等多种逻辑功能,以及实现各种逻辑函数功能。实验中需拨动相应的开关进行测试。在表 2.2.2 中填入测试的逻辑值,并分析测试结果是否正确。

表 2.2.2 MUX 74LS153 功能表

使能输入	选择输入	数据输入				输 出
1G/2G	A_1 A_0	$1D_0/2D_0$	$1D_1/2D_1$	$1D_2/2D_2$	$1D_3/2D_3$	1Y/2Y
1	× ×	×	×	×	×	
0	0 0	0	×	×	×	
0	0 0	1	×	×	×	
0	0 1	×	0	×	×	
0	0 1	×	1	×	×	
0	1 0	×	×	0	×	
0	1 0	×	×	1	×	
0	1 1	×	×	×	0	
0	1 1	×	×	×	1	

3. 应用 74LS283 和一些门电路实现 4 位二进制补码加/减法器的功能

下面介绍应用 4 位二进制并行加法器 74LS283 和一些门电路实现 4 位二进制补码加/减法器的功能。

补码加/减法器的工作原理,依据如下补码运算公式:

$$[A+B]_{补}=A_{补}+B_{补}$$

$$[A-B]_{补}=A_{补}+[-B]_{补}$$

由上式可知补码加法器的加法操作为:直接将两个操作数相加,产生和与进位。减法操作为:首先对减数求补(即减数求反,末位加 1),随后将该补数值与被减数进行加法运算,得到差与向高位的借位。

注意在进行补码运算时,可能会出现溢出情况,即结果超出了所能表示的范围。

本实验中 4 位二进制补码加/减法器电路的输入有 A_4、A_3、A_2、A_1、B_4、B_3、B_2、B_1 和 M、C_0,输出有 S_4、S_3、S_2、S_1 和 C_4。输入 $A=A_4A_3A_2A_1$、$B=B_4B_3B_2B_1$ 和 M、C_0 分别为被加数、加数、控制选择信号以及最低位进位信号,输出 $S=S_4S_3S_2S_1$ 为本位和,C_4 为向高位的进位。

用 M 做控制选择信号。当 $M=0$ 时,执行 $A+B$;当 $M=1$ 时,执行 $A-B$。加/减法采用二进制补码运算。

当 $M=0$ 时,$[A+B]_{补}=A_{补}+B_{补}=A_{补}+(B_i \oplus C_0)+C_0$;

当 $M=1$ 时,$[A-B]_{补}=A_{补}+[-B]_{补}=A_{补}+([-B]+1)=A_{补}+(B_i \oplus C_0)+C_0$。

(1)在图 2.2.3 中,画出实现 4 位二进制补码加/减法器功能的电路芯片引线连接图,将电路的输入端接开关,电路输出端接显示灯。

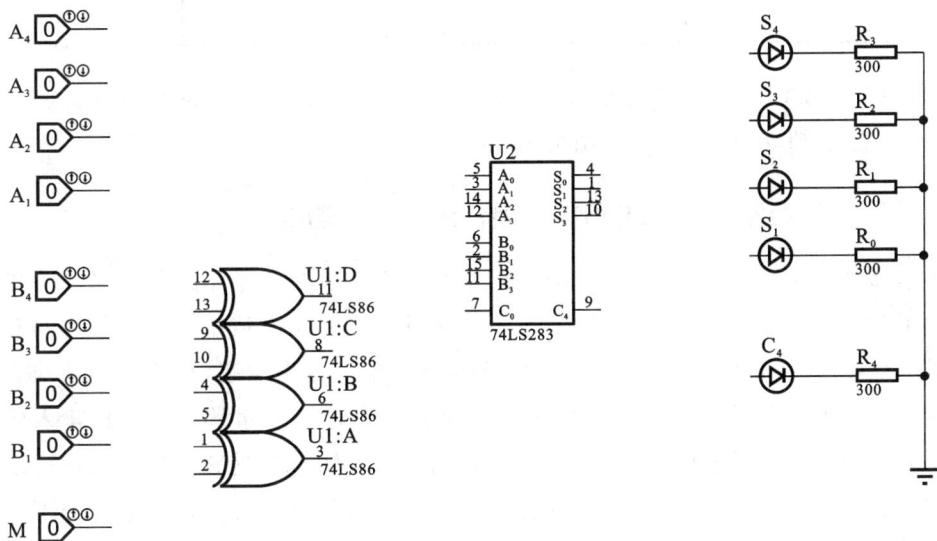

图 2.2.3　4 位二进制补码加/减法器电路图

（2）在 Proteus 环境中,调试并运行该电路。通过拨动开关输入各种变量取值,每输入一组代码后观察显示灯的情况,并将结果记录在表 2.2.3 中。

表 2.2.3　4 位二进制补码加/减法器验证表

输　　入			输　　出	
M	A	B	A+B	A−B
0/1	0000	0110		
0/1	0001	0110		
0/1	0010	0110		
0/1	0011	0110		
0/1	0100	1010		
0/1	0101	1010		
0/1	0110	1010		
0/1	0111	1010		
0/1	1000	0100		
0/1	1001	0100		
0/1	1010	0100		
0/1	1011	0100		
0/1	1100	1100		
0/1	1101	1100		
0/1	1110	1100		
0/1	1111	1100		

（3）检查记录结果是否实现了预定逻辑功能。如果功能有误,则对设计方案与实现方案做进一步检查,直到得到正确结果为止。

4. 应用译码器和一些门电路实现组合逻辑函数功能

译码器是数字系统中广泛使用的多输入多输出组合逻辑部件。译码器的功能是对具有特定含义的输入代码进行“翻译”,将其转换成相应的输出信号。二进制译码器电路通过对 n 位二进制输入信号的组合逻辑运算,产生 2^n 个输出状态,且输出函数与输入变量构成的最小项具有对应关系的一种多输出组合逻辑电路。通常用于根据输入的二进制编码激活一个输出通道(例如,选择一个特定的输出为 1,其他输出为 0),它可以帮助我们构建各种组合逻辑函数。在组合逻辑电路中,译码器可以用于根据输入的不同组合生成所需的逻辑值(如 AND、OR、NOT 等),从而实现复杂的逻辑功能。

译码器构成任意组合逻辑电路的步骤如下:

(1)根据函数自变量的个数确定译码器输入编码的位数；

(2)将函数自变量与译码器输入编码一一对应；

(3)写出函数的标准"与或"表达式；

(4)将标准"与或"表达式转换为"与非"表达式。

实验要求:用 1 片 74LS138 译码器和必要的"与非"门实现下列逻辑函数:

$$F_1(A,B,C)=\overline{A}\,\overline{B}+AB\overline{C}$$

$$F_2(A,B,C)=\overline{A}\,\overline{B}+ABC$$

$$F_3(A,B,C)=AC+A\overline{B}$$

由给定电路的逻辑函数的输出函数表达式可知,以上电路有 3 个输入变量和 3 个输出函数。由于 74LS138 的输出 Y_i 即输入变量的最小项 m_i 之"非",而任何逻辑函数均可表示成最小项相"或"的形式,然后变换成最小项之"非"再"与非"的形式。

(1)写出将 F_1、F_2、F_3 函数变换成最小项之"非"再"与非"的函数表达式:

$F_1=$

$F_2=$

$F_3=$

(2)在图 2.2.4 中,画出实现 F_1、F_2、F_3 函数功能的电路芯片引线连接图,将电路的输入端接开关,电路输出端接显示灯。

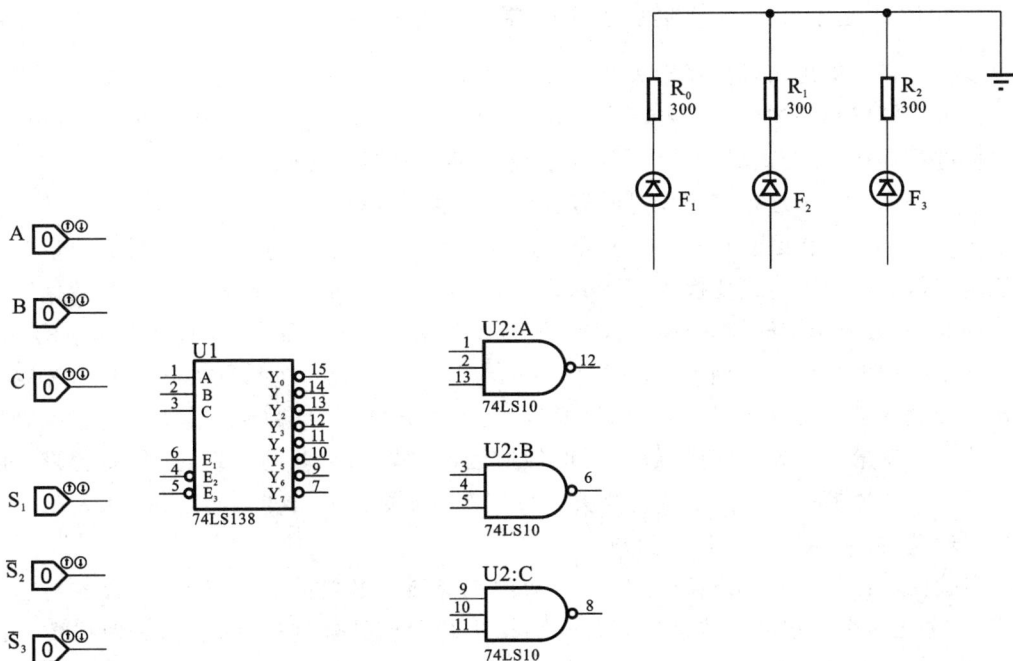

图 2.2.4　74LS138 逻辑电路

(3)在 Proteus 环境中,调试并运行该电路。通过拨动开关输入各种变量取值,每输入一组代码后观察显示灯的情况,并将结果记录在表 2.2.4 中。

表 2.2.4　74LS138 逻辑电路真值表

输　入					输　出		
S_1	$\overline{S}_2+\overline{S}_3$	A	B	C	F_1	F_2	F_3
1	0	0	0	0			
1	0	0	0	1			
1	0	0	1	0			
1	0	0	1	1			
1	0	1	0	0			
1	0	1	0	1			
1	0	1	1	0			
1	0	1	1	1			
0	×	×	×	×			
×	1	×	×	×			

(4)检查记录结果是否实现了预定逻辑功能。如果功能有误,则对设计方案与实现方案做进一步检查,直至得到正确结果为止。

5. 应用数据选择器实现组合逻辑电路

多路选择器输出信号的逻辑表达式具有标准"与或"表达式的形式,而任何一个逻辑函数都可以写成唯一的标准"与或"表达式的形式。因此,多路选择器除了用来完成对多路数据进行选择外,在逻辑设计中还可以用来实现任何逻辑函数的功能。

假定用具有 n 个选择控制变量的多路分配器实现 m(m≥n)个变量的函数,具体方法如下:从函数的 m 个变量中选择 n 个变量作为 MUX 的选择控制变量;根据所选定的选择控制变量将函数表达式变换为 $Y=m_0 D_0+m_1 D_1+m_2 D_2+\cdots+m_i D_i$ 以确定各数据输入 D_i。其中,m_i 为所选定的作为选择控制变量的 n 个变量所组成的最小项;D_i 为剩下的 n−m 个变量组成的表达式。当 m=n 时,D_i 为 0 或 1;当 m=n+1 时,D_i 为 0、1 或未选定作为选择控制变量的变量 X 的原变量、反变量;当 m>n+1 时,D_i 为 0、1 或去除选择控制变量之外剩余变量的函数,这时一般需要增加适当的逻辑门来辅助实现,且所需逻辑门的数量通常与选择控制变量是否确定相关。再依次将函数的 n 个变量连接到 MUX 的 n 个选择变量端,将 D_i 依次接入对应的数据端。

实验要求:用 1 片 74LS153 双四选一数据选择器和必要的门电路实现"舍入与检测电路"。舍入通常是在进行数字运算时对结果进行近似处理的过程,目的是使得数字的表示符合一定的精度要求。

实验中该电路的输入为 8421 码,F_1 为"四舍五入"输出信号,F_2 为奇偶检测输出信号。当电路检测到输入的代码大于等于 0101 时,电路的输出 $F_1=1$;其他情况下电路的

输出 $F_1 = 0$。当输入代码中含 1 的个数为奇数时,电路的输出 $F_2 = 1$;其他情况下电路的输出 $F_2 = 0$。该电路的框图如图 2.2.5 所示。

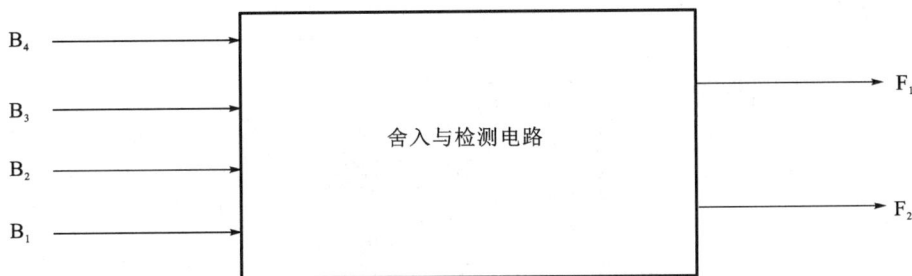

图 2.2.5　舍入与检测电路框图

(1)列出真值表,分别写出输出函数 $F_1(B_4, B_3, B_2, B_1)$、$F_2(B_4, B_3, B_2, B_1)$ 的逻辑关系表达式。若使用变量 B_4、B_3 作为选择控制变量,请对输出函数 F_1、F_2 进行变换,求出最简的输出函数 F_1、F_2 的逻辑关系表达式:

$F_1 =$

$F_2 =$

(2)在图 2.2.6 中,画出实现输出函数 F_1、F_2 功能的电路芯片引线连接图,并将电路的输入端与开关连接,电路输出端与显示灯连接。

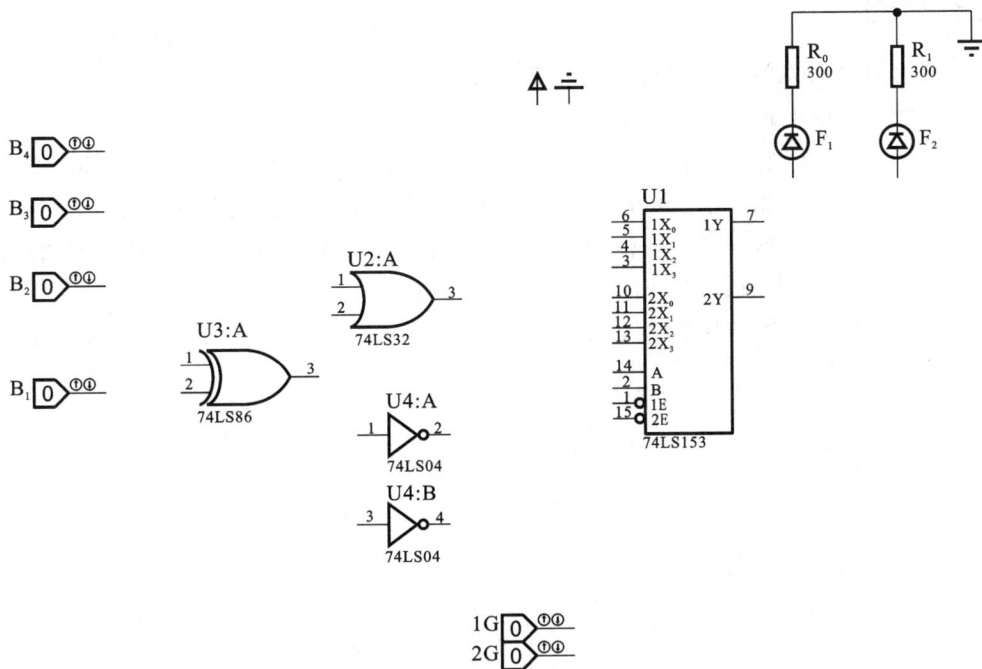

图 2.2.6　舍入与检测电路

(3)通过拨动开关输入 8421 码,每输入一组代码后观察显示灯的情况,并将结果记录在表 2.2.5 中。

表 2.2.5　舍入与检测电路测试表

输　入						输　出	
1G	2G	B₄	B₃	B₂	B₁	F₁	F₂
0	0	0	0	0	0		
0	0	0	0	0	1		
0	0	0	0	1	0		
0	0	0	0	1	1		
0	0	0	1	0	0		
0	0	0	1	0	1		
0	0	0	1	1	0		
0	0	0	1	1	1		
0	0	1	0	0	0		
0	0	1	0	0	1		
1	1	×	×	×	×		

（4）检查记录结果是否实现了预定逻辑功能。如果功能有误,则对设计方案与实现方案做进一步检查,直到得到正确结果为止。

六、思考题

1. 化简包含无关条件的逻辑函数时应注意什么?

2. 你所设计的电路是否最简单?

3. 74LS138 译码器中,在 S_1、$\overline{S_2}$、$\overline{S_3}$ 三根引脚线上输入何种电平时,74LS138 译码器才开始工作? 在图 2.2.4 中,能否用译码器 74LS138 和 3 个"与"门实现该电路功能?

4. 在图 2.2.5 所示的舍入与检测电路中,如果使用变量 B_2、B_1 作为 74LS153 的选择控制变量,请写出输出函数 F_1、F_2 的逻辑关系表达式。

5. 用双四选一数据选择器 74LS153 设计三输入多数表决电路。设计步骤如下:

（1）写出设计过程;

（2）画出接线图;

（3）验证逻辑功能。

实验三　模 8 计数器、序列检测器设计

　　模 8 计数器是一种能够对输入脉冲进行计数的数字计数器,它通过 3 位二进制数表示 8 个不同的状态,通过合理设计模 8 计数器能够实现时序控制、计时、分频等功能,广泛用于需要周期性计数、状态切换或分频的数字系统中。模 8 计数器可以使用触发器、门电路等构建。

　　序列检测器是数字电路中的一种特殊类型的时序电路,它用于检测输入信号中是否出现特定的、预定义的序列(即一组特定的比特模式)。在许多应用中,序列检测器用于信号处理、数据通信、错误检测以及系统控制,以便当特定的输入模式出现时,生成一个输出信号,指示该模式已经被识别。

一、实验目的

　　1. 掌握基本 D 触发器的工作原理。

　　2. 熟悉移位寄存器的电路结构及工作原理。

　　3. 掌握同步时序电路"计数器"的设计方法,加深对"计数器"功能及其应用的理解。

　　4. 掌握用同步时序电路设计序列检测器的基本方法,注意时序电路与组合电路的区别。

二、实验要求

　　1. 做好实验预习,了解各芯片的功能及其工作原理,完成简单时序逻辑电路的设计。

　　2. 完成测试电路以及模 8 计数器、移位寄存器和序列检测器的实验。按照实验步骤完成实验项目,了解模 8 计数器、移位寄存器和序列检测器电路的设计及使用方法。

　　3. 撰写实验报告,主要包括以下内容:

　　(1)实验目的;

　　(2)写出详细的实验步骤,记录实验数据;

　　(3)实验思考题的讨论。

　　4. 实验所用芯片包括以下几种:

　　(1)双 D 触发器 2 片,型号为 74LS74;

　　(2)二输入四与门 1 片,型号为 74LS08;

　　(3)一输入六非门 1 片,型号为 74LS04;

　　(4)二输入四或门 1 片,型号为 74LS32;

　　(5)三输入三与门 1 片,型号为 74LS11;

　　(6)二输入四异或门 1 片,型号为 74LS86。

三、实验环境

1. 装有 Windows 操作系统的微型计算机。

2. 装有 Proteus 软件。

四、实验内容

1. 验证 D 触发器功能。

2. 使用 74LS74 双 D 触发器,设计 4 位右移寄存器。

3. 使用 74LS74 双 D 触发器,设计模 8 计数器。

4. 使用 74LS74 双 D 触发器,设计序列检测器。

五、实验步骤

1. 验证 D 触发器功能

D 触发器状态方程为 $Q^{n+1}=D$。若 D 触发器输出状态的更新发生在 CP 脉冲的上升沿,称为上升沿触发的边沿触发器;若输出状态的更新发生在 CP 脉冲的下降沿,称为下降沿触发的边沿触发器;在有效时钟边沿触发时,输出端 Q 的次态由时钟事件发生前数据端 D 的即时电平状态决定,其状态转换严格遵循 $D=Q^{n+1}$ 的激励方程规范。D 触发器的应用很广,可作为数字信号的寄存器、移位寄存器、分频器和波形发生器等。

(1)双 D 触发器 74LS74 的逻辑功能测试电路图如图 2.3.1 所示。在 Proteus 环境中,运行该电路。通过拨动开关输入各种变量取值,每输入一组变量后观察显示灯的情况,并将结果记录在表 2.3.1 中,并分析观察到的结果是否正确。

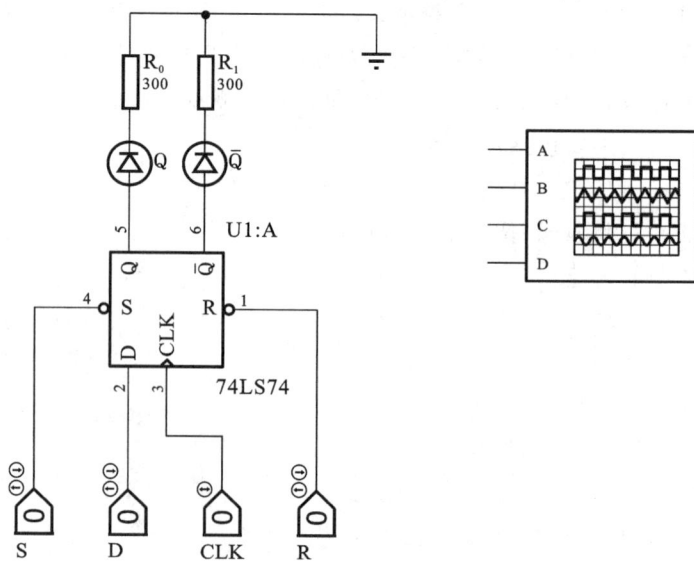

图 2.3.1 双 D 触发器 74LS74 逻辑功能验证电路图

表 2.3.1 双 D 触发器 74LS74 逻辑功能验证测试数据

输 入				输 出	
S	R	CLK	D	Q	$\overline{Q}$
0	1	×	×		
1	0	×	×		
1	1	↑	1		
1	1	↑	0		
1	1	0	×		

(2)在 Proteus 环境中接入示波器。将示波器的输入端 A、B、C、D 分别接到电路的输入/输出端 CLK、D、Q、$\overline{Q}$ 端。观察并分析电路,在表 2.3.2 中记录电路的输入/输出波形。

表 2.3.2 输入/输出波形记录表

输入/输出	波 形
CLK	
D	
Q	
$\overline{Q}$	

2.4 位右移寄存器设计

4 位右移寄存器的工作原理是:当每次时钟信号到来时,寄存器中的每一位都会向右移动一位。对于右移操作,寄存器的最左端会被填充为 0,而最右端的位则会丢失。假设我们设计一个 4 位的寄存器,其中每个触发器存储一个比特。在右移操作中,触发器的 Q 输出将按时钟信号的上升沿顺序向右移动。每个触发器的 D 输入会接收来自前一个触发器的 Q 输出(即将数据从左移到右),并且第一个触发器(最左端)的 D 输入会接收一个常数 0(因为右移时最左端补充 0)。

(1)在数字电路设计过程中,输入信号 X 与四位状态变量 $Y_0 \sim Y_3$ 之间存在明确的逻辑关系。通过系统化分析状态转移特性,可推导出采用两片 74LS74 型双 D 触发器构建 4 位右移寄存器所需的激励函数表达式:

$D_3 = X$

$D_2 = Y_3$

$D_1 = Y_2$

$D_0 = Y_1$

请在图 2.3.2 中画出实现 4 位右移寄存器的电路芯片引线连接图。

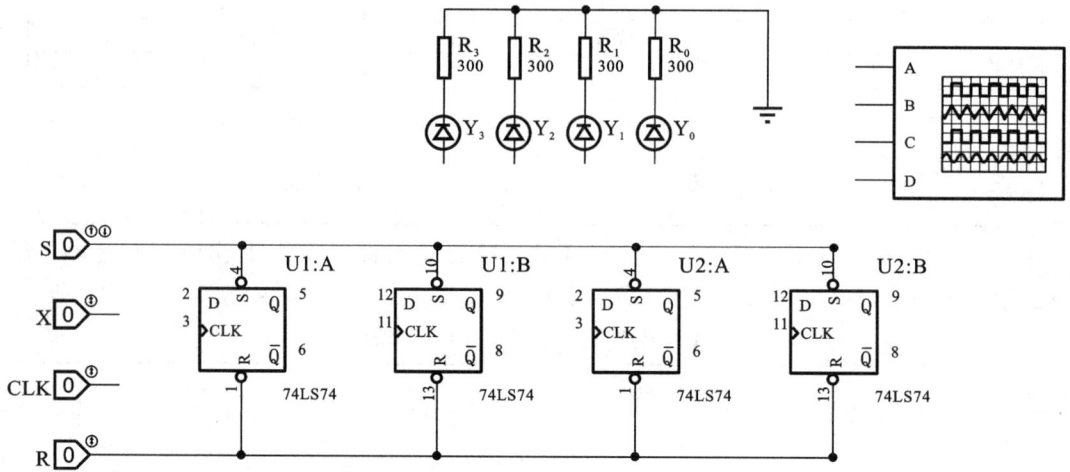

图 2.3.2　4 位右移寄存器电路图

（2）在 Proteus 环境中，运行该电路。通过拨动开关输入，并观察显示灯的情况，将结果记录在表 2.3.3 中，分析观察到的结果是否正确。

表 2.3.3　4 位右移寄存器测试表

输　入				输　出			
S	R	CLK	X	Y_3	Y_2	Y_1	Y_0
0	1	×	×				
1	0	×	×				
1	1	↑	1				
1	1	↑	0				
1	1	↑	1				
1	1	↑	1				
1	1	0	×				

（3）在 Proteus 环境中接入示波器，将示波器的输入端 A、B、C、D 分别接到电路的输出端 Y_1、Y_2、Y_3、X。观察并分析电路，在表 2.3.4 中记录电路的输入/输出波形。

表 2.3.4　输入/输出波形记录表

输入/输出	波　形
CLK	
R	

续表

输入/输出	波　形
S	
X	
Y_3	
Y_2	
Y_1	
Y_0	

3. 模 8 计数器设计

模 8 计数器是同步时序电路设计,需要画出模 8 计数器的原始状态图。模 8 计数器状态图如图 2.3.3 所示。

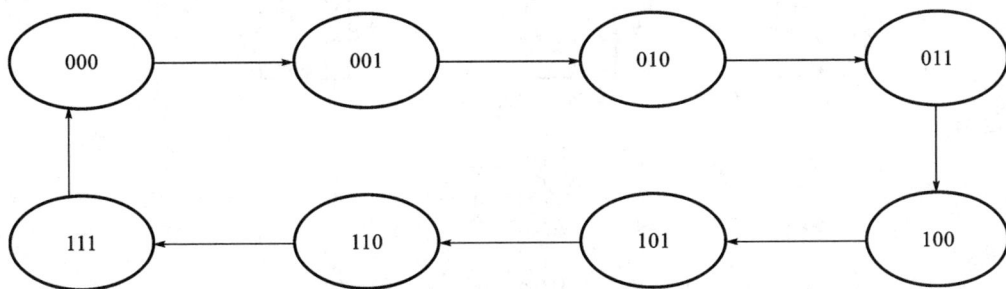

图 2.3.3　模 8 计数器的状态图

(1)由于此状态图只有 8 个状态,已是最简状态图,不需要再化简。

请在表 2.3.5 中填入模 8 计数器的在不同现态下的次态及激励函数。

表 2.3.5　模 8 计数器的状态表

现　态	次　态	激励函数
$Y_2\ Y_1\ Y_0$	$Y_2^{(n+1)}\ Y_1^{(n+1)}\ Y_0^{(n+1)}$	$D_2\quad D_1\quad D_0$
0　0　0		
0　0　1		
0　1　0		
0　1　1		
1　0　0		
1　0　1		
1　1　0		
1　1　1		

（2）此状态的编码已是二进制编码。

（3）写出激励函数表达式：

$D_2 =$

$D_1 =$

$D_0 =$

（4）在图 2.3.4 中,画出实现模 8 计数器的电路芯片引线连接图,将计数器脉冲接入单脉冲信号,电路的状态输出连接到对应的状态指示灯。

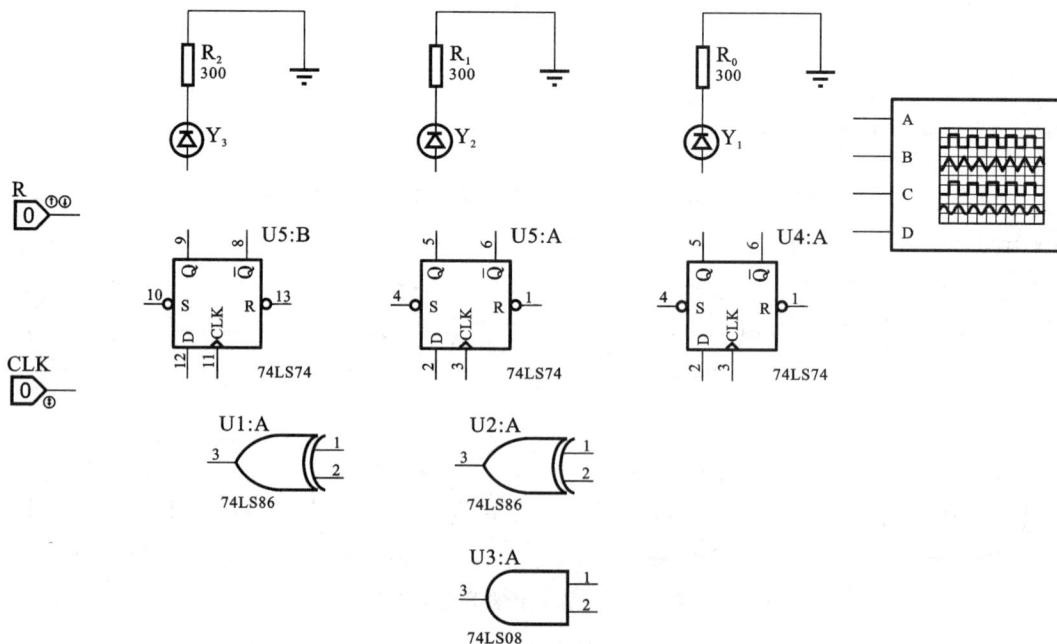

图 2.3.4　模 8 计数器电路图

(5)在 Proteus 环境中,调试并运行该电路。计数器工作前先清零,然后在时钟脉冲作用下验证电路是否实现了预定功能,并将结果记录在表 2.3.6 中。

表 2.3.6 模 8 计数器测试表

CLK	Y_3 Y_2 Y_1
0	
1	
2	
3	
4	
5	
6	
7	

(6)检查记录结果是否实现了预定逻辑功能。如果功能有误,则对设计方案与实现方案做进一步检查,直到得到正确结果为止。

(7)在 Proteus 环境中接入示波器,将示波器的输入端 A、B、C、D 分别接到电路的输出 Y_3、Y_2、Y_1、CLK 端。

(8)观察并分析电路,在表 2.3.7 中记录电路输入/输出波形。

表 2.3.7 输入/输出波形记录表

输入/输出	波 形
CLK	
Y_3	
Y_2	
Y_1	

4. 序列检测器设计

序列检测器是一种数字电路,它用于检测特定的输入序列,并在检测到该序列时生成输出信号。序列检测器的设计步骤如下。

(1)建立原始状态图和原始状态表。由于状态图和状态表能够直观、清晰、形象地反映同步时序电路的逻辑特性,所以设计的第一步是根据对设计要求的文字描述,抽象出电路的输入/输出及状态之间的关系,进而形成状态图和状态表。由于开始得到的状态图和状态表是对逻辑问题最原始的描述,其中可能包含多余的状态,所以称为原始状态图和原始状态表。在建立原始状态图和原始状态表时,大部分问题对于所设立的每一个状态,在不同输入取值下都有确定的次态和输出,通常将这类状态图和状态表称为完全确定状态图和状态表,由它们所描述的电路称为完全确定同步时序逻辑电路。但实际应用中的某些问题,可能出现对于所设立的某些状态,在某些输入取值下的次态或输出是不确定的,这种状态图和状态表称为不完全确定状态图和状态表,所描述的电路称为不完全确定同步时序逻辑电路。本书只讨论完全确定同步时序逻辑电路的设计。

(2)状态化简,求出最简状态表。所谓状态化简是指采用某种化简技术从原始状态表中消去多余状态,得到一个既能正确描述给定的逻辑功能,又能使所包含的状态数目达到最少的状态表,通常称这种状态表为最简状态表或最小化状态表。状态化简的目的是简化电路结构。状态数目的多少直接决定电路中所需触发器数目的多少。为了降低电路的复杂度和电路成本,应尽可能使状态表中包含的状态数达到最少。

(3)状态编码,得到二进制状态表。状态编码是指给最简状态表中用字母或数字表示的状态,指定一个二进制代码,将其转换成二进制状态表,其目的是将最简状态表与电路中触发器的状态对应。状态编码也称状态分配或者状态赋值。

(4)确定触发器数目和类型,并求出激励函数和输出函数最简表达式。电路中所需触发器数目是根据二进制状态表中二进制代码的位数确定的,所需触发器数即二进制代码的位数。触发器类型可根据问题的要求确定,当问题中没有具体要求时,可由设计者挑选。根据二进制状态表和所选触发器的激励表或者次态方程,求出触发器的激励函数表达式和电路的输出函数表达式,并予以化简。激励函数表达式和输出函数表达式的复杂度决定了同步时序逻辑电路中组合逻辑部分的复杂度。

(5)画出逻辑电路图。根据触发器数目和类型实现电路的存储电路部分,根据激励函数和输出函数的最简表达式选择合适的逻辑门实现组合逻辑部分,画出完整的逻辑电路图。

以上步骤是就一般设计问题而言的,实际应用中设计者可以根据具体问题灵活掌握。例如,本实验中电路的状态数目和状态编码均已给定,因此,可省去状态化简和状态编码两个步骤。而有的设计方案包含冗余状态,因而在完成上述步骤后,还必须对这些状态的处理结果加以讨论,以确保电路逻辑功能的可靠实现等。总之,在实际设计过程中不必拘泥于固定的步骤。

利用所给器件按 Moore 型同步时序逻辑电路的设计方法设计一个"101"序列检测器,其框图如图 2.3.5 所示。

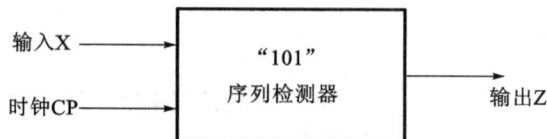

图 2.3.5 "101"序列检测器的电路框图

该电路的逻辑功能是,输入端 X 串行输入随机二进制代码,输入信号为电平信号。每当输入的代码中出现"101"序列时,在输出端 Z 产生一个高电平,即 Z=1,其他情况 Z=0。

典型输入、输出序列如下：

X：0 1 0 1 0 1 1 0 1 1 1 0 0 1 0 1 1

Z：0 0 0 1 0 1 0 0 1 0 0 0 0 0 0 1 0

（1）设初始状态为 A，在图 2.3.6 中作出原始状态图，并填写原始状态表 2.3.8。

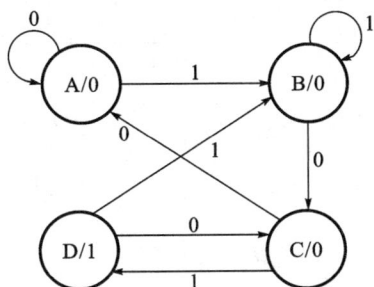

图2.3.6　"101"序列检测器的原始状态图

表 2.3.8　"101"序列检测器原始状态表

现　态	次　态		输　出
	X＝0	X＝1	Z
A			
B			
C			
D			

（2）设状态编码 A＝00，B＝01，C＝10，D＝11，请在表 2.3.9 中填写"101"序列检测器的二进制状态表。

表 2.3.9　"101"序列检测器的二进制状态表

现　态 Y_2 Y_1	次态 $Y_2^{(n+1)}$ $Y_1^{(n+1)}$		输　出 Z
	X＝0	X＝1	
0　0			
0　1			
1　0			
1　1			

（3）请在表 2.3.10 中填写该电路的"101"序列检测器的激励函数真值表。

表 2.3.10　"101"序列检测器的激励函数真值表

输　入 X	现　态 Y_2 Y_1	次　态 $Y_2^{(n+1)}$ $Y_1^{(n+1)}$	激励函数 D_2 D_1	输　出 Z
0	0　0			
0	0　1			
0	1　0			
0	1　1			
1	0　0			
1	0　1			
1	1　0			
1	1　1			

（4）在图 2.3.7 中填入激励函数卡诺图,求出激励函数的最简表达式。

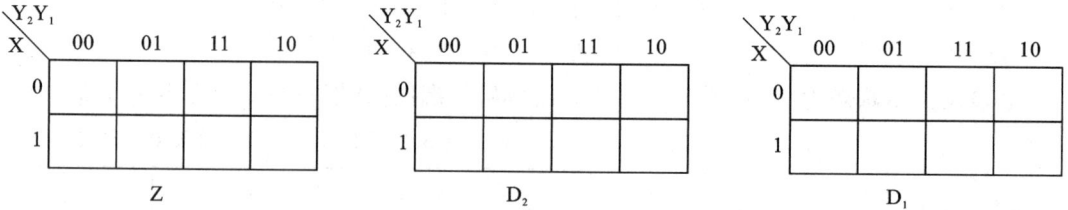

图 2.3.7　激励函数卡诺图

Z=

D_2=

D_1=

（5）在图 2.3.8 中,画出实现"101"序列检测器的电路芯片引线连接图,将电路的输入端 X 接至开关,在时钟 CLK 配合下拨动开关,输入二进制码。电路的输出端与显示灯 Z 连接。

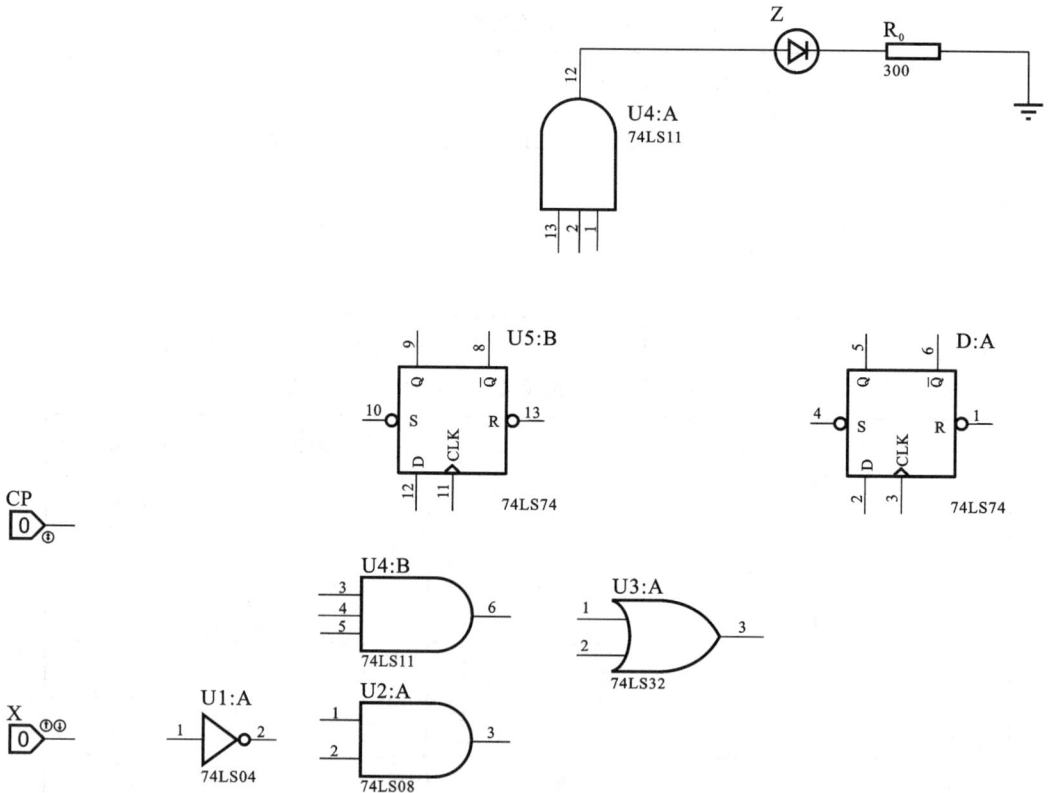

图 2.3.8　"101"序列检测器的电路图

（6）将电路的时钟脉冲(即 CP)接至单脉冲 CLK,每拨动一次数据开关按一下单脉冲键,将给定输入序列送入检测器中,同时记录输入数据和显示灯 Z 的状态,并填在表 2.3.11 中,以便检查电路是否实现了预定功能。

表 2.3.11　"101"序列检测器的电路测试表

CP	1	2	3	4	5	6	7	8	9	10	11	12	13	14	15	16	17
X	0	1	0	1	0	1	1	0	1	1	1	0	0	1	0	1	1
Z																	

（7）检查记录结果是否实现了预定逻辑功能。如果功能有误,则对设计方案与实现方案做进一步检查,直到得到正确结果为止。

六、思考题

1. Mealy 型和 Moore 型同步时序电路的主要区别是什么?

2. 若按 Mealy 型同步时序逻辑电路的设计方法设计"101"序列检测器,是否有多余状态? 若有,将会对电路的正常工作状态产生怎样的影响?

3. 总结利用 D 触发器设计模 4、模 8、模 16 计数器的设计步骤。

4. 请画出用 2 片双 D 触发器 74LS74 组成 4 位寄存器的电路。

实验四　集成二进制计数器、移位寄存器应用设计

集成二进制计数器能够对输入脉冲进行计数,并按照二进制方式输出计数值。通过预置数、清零、使能等控制端可实现不同的计数模式。集成移位寄存器能够实现数据的串行或并行输入、串行或并行输出,以及左移、右移等操作。

一、实验目的

1. 熟悉集成二进制计数器的电路结构及工作原理。
2. 熟悉集成移位寄存器的电路结构及工作原理。
3. 掌握用集成计数器设计电路的方法,加深对集成计数器功能及其应用的理解。
4. 掌握用集成移位寄存器设计电路的方法,加深对集成移位寄存器功能及其应用的理解。

二、实验要求

1. 实验前的准备工作:做好实验预习,了解各芯片的功能及其工作原理,完成简单电路的设计。
2. 完成测试电路以及模 8 计数器、移位寄存器的实验。按照实验步骤完成实验项目,了解模 8 计数器、模 24 计数器、移位寄存器电路的设计及使用方法。
3. 撰写实验报告,主要包括以下内容:
(1)实验目的;
(2)写出详细的实验步骤,记录实验数据;
(3)实验思考题的讨论。
4. 实验所用芯片包括以下几种:
(1)集成二进制计数器 2 片,型号为 74LS193;
(2)集成移位寄存器 2 片,型号为 74LS194;
(3)二输入四与门 1 片,型号为 74LS08;
(4)一输入六非门 1 片,型号为 74LS04;
(5)二输入四或门 1 片,型号为 74LS32。

三、实验环境

1. 装有 Windows 操作系统的微型计算机。
2. 装有 Proteus 软件。

四、实验内容

1. 验证 74LS193 集成二进制计数器的功能。

2. 验证 74LS194 集成移位寄存器的功能。

3. 使用 74LS193 设计模 8 计数器。

4. 使用 74LS193 设计模 24 计数器。

5. 使用 74LS194 设计串行输入并行输出的 8 位移位寄存器(右移)。

五、实验步骤

1. 验证 74LS193 集成二进制计数器的功能

(1)74LS193 集成二进制计数器的逻辑功能验证电路图如图 2.4.1 所示。74LS193 是一个同步 4 位二进制的可逆计数器,属于 TTL(晶体管-晶体管逻辑)系列集成电路。它具有双时钟输入,并具有异步清零、同步计数和异步置数等功能,支持递增(加法)或递减(减法)计数。在 Proteus 环境中运行该电路,通过拨动开关输入各种变量取值,每输入一组变量后观察显示灯的情况,并将结果记录在表 2.4.1 中,分析观察到的结果是否正确。

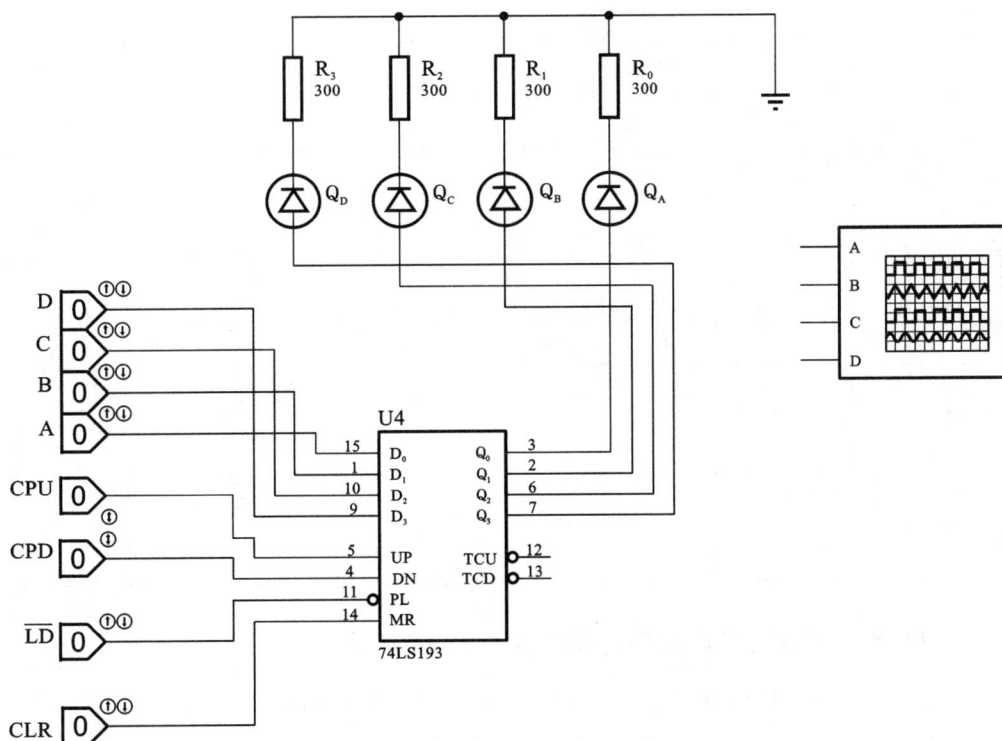

图 2.4.1　集成二进制计数器 74LS193 逻辑功能验证电路图

表 2.4.1　集成二进制计数器 74LS193 逻辑功能验证测试数据

输　入					输　出			
CLR	$\overline{LD}$	D C B A	CPU CPD	Q_D	Q_C	Q_B	Q_A
1	×	× × × ×	× ×				
0	0	X_3 X_2 X_1 X_0	× ×				
0	1	× × × ×	↑　1				
0	1	× × × ×	1　↑				

（2）在 Proteus 环境中接入示波器。将示波器的输入端 A、B、C、D 分别接到电路的输出 Q_D、Q_C、Q_B、Q_A 端。观察并分析电路,在表 2.4.2 中记录电路输入/输出波形。

表 2.4.2　表 2.4.2

输入/输出	波　形
CPU	
CLR	
$\overline{LD}$	
Q_D	
Q_C	
Q_B	
Q_A	

2. 验证集成 4 位双向移位寄存器 74LS194 的功能

（1）集成 4 位双向移位寄存器 74LS194 的逻辑功能验证电路图如图 2.4.2 所示。在 Proteus 环境中运行该电路,通过拨动开关输入各种变量取值,每输入一组变量后观察显示灯的情况,并将结果记录在表 2.4.2 中,分析观察到的结果是否正确。

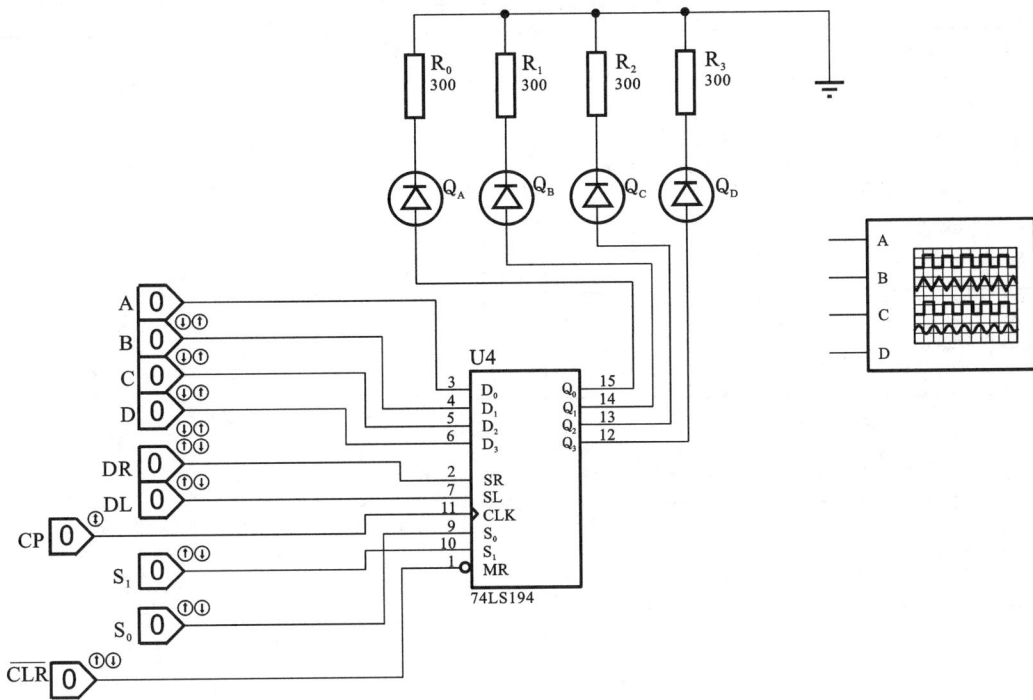

图 2.4.2 集成 4 位双向移位寄存器 74LS194 逻辑功能验证电路图

表 2.4.3 集成 4 位双向移位寄存器 74LS194 逻辑功能验证表

输　入						输　出			
$\overline{\text{CLR}}$　CP		S_1　S_0		DR　DL		A B C D	Q_A	Q_B	Q_C	Q_D
0	×	×	×	×	×	× × × ×				
1	0	×	×	×	×	× × × ×				
1	↑	1	1	×	×	× × × ×				
1	↑	0	1	1	×	× × × ×				
1	↑	0	1	0	×	× × × ×				
1	↑	1	0	×	1	× × × ×				
1	↑	1	0	×	0	× × × ×				
1	×	0	0	×	×	× × × ×				

(2)在 Proteus 环境中接入示波器。将示波器的输入端 A、B、C、D 分别接到电路的输出端 Q_D、Q_C、Q_B、Q_A。观察并分析电路,在表 2.4.4 中记录电路输入/输出波形。

表 2.4.4　输入/输出波形记录表

输入/输出	波　形
$\overline{\text{CLR}}$	
CP	
DL	
DR	
S_0	
S_1	
A	
B	
C	
D	
Q_D	
Q_C	
Q_B	
Q_A	

3. 模 8 计数器设计

利用 74LS193 设计一个模 8 计数器,其状态图如图 2.4.3 所示。

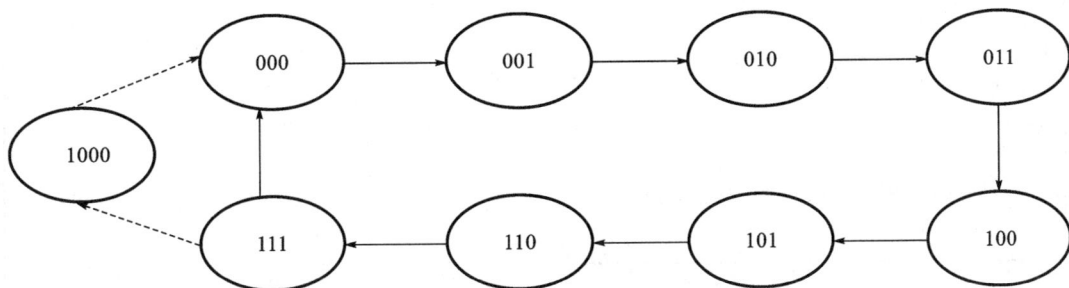

图 2.4.3　模 8 计数器状态图

(1)在图 2.4.4 中,画出用 74LS193 实现模 8 计数器的电路芯片引线连接图,将电路的状态输出连接到对应的指示灯。

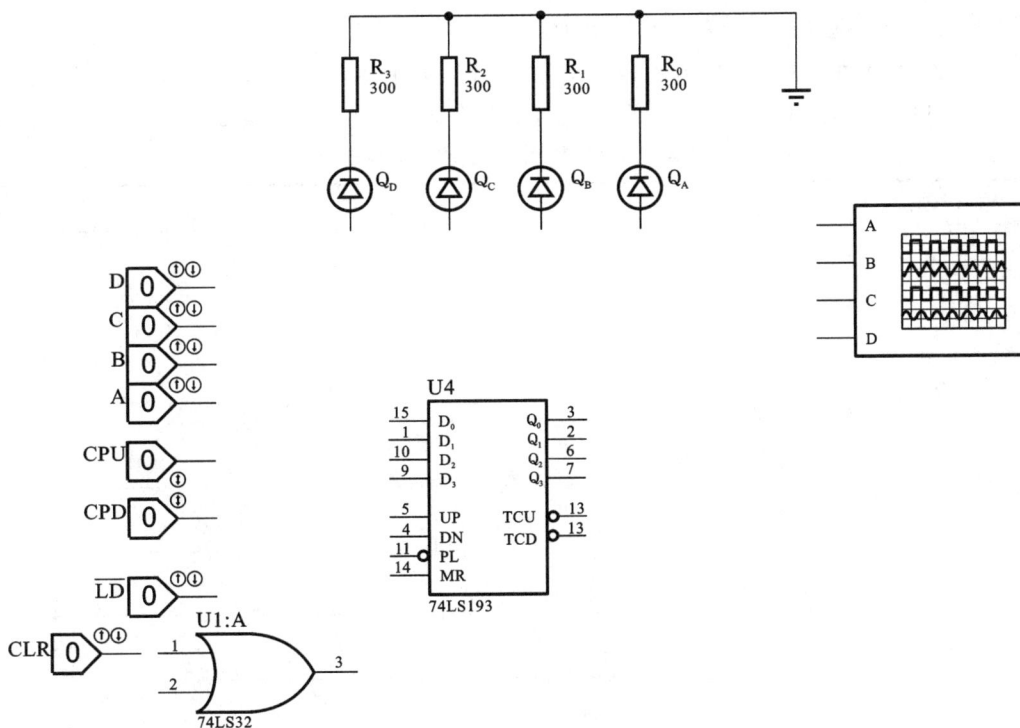

图 2.4.4　模 8 计数器电路图

(2)在 Proteus 环境中,调试并运行该电路。计数器工作前先清零,然后在累加脉冲作用下验证电路是否实现了预定功能,并将结果记录在表 2.4.5 中。

表 2.4.5　模 8 计数器测试表

CP	Q_D	Q_C	Q_B	Q_A
0				
1				
2				
3				
4				
5				
6				
7				

（3）检查记录结果是否实现了预定逻辑功能。如果功能有误,则对设计方案与实现方案做进一步检查,直到得到正确结果为止。

（4）在 Proteus 环境中接入示波器。将示波器的输入端 A、B、C、D 分别接到电路的输出 Q_D、Q_C、Q_B、Q_A、CPU 端。观察并分析电路,在表 2.4.6 中记录电路输入/输出波形。

表 2.4.6　输入/输出波形记录表

输入/输出	波　形
CLR	
$\overline{LD}$	
CPU	
CPD	
Q_D	
Q_C	
Q_B	
Q_A	

4. 用 74LS193 设计模 24 计数器

（1）在图 2.4.5 中,画出用 74LS193 实现模 24 计数器的电路芯片引线连接图,电路的状态输出连接到对应的指示灯及七段显示器。

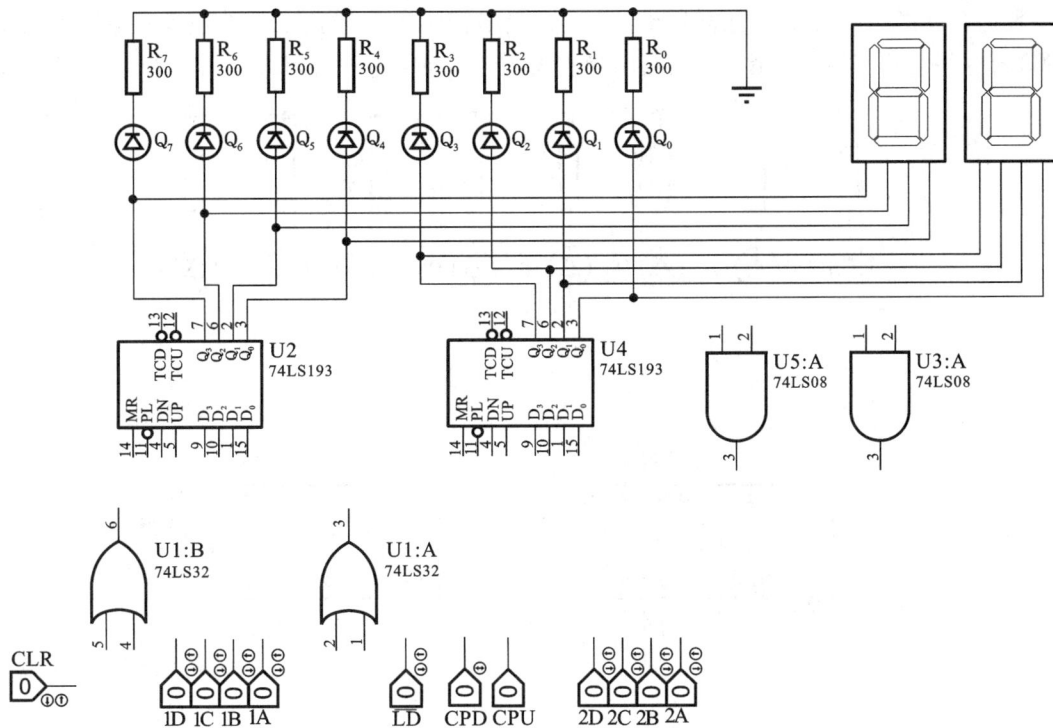

图 2.4.5　模 24 计数器电路图

(2)在 Proteus 环境中,调试并运行该电路。计数器工作前先清零,然后在累加脉冲作用下验证电路是否实现了预定功能,并将结果记录在表 2.4.7 中。

表 2.4.7　模 24 计数器测试表

CP	显示灯	CP	显示灯	CP	显示灯
0		8		16	
1		9		17	
2		10		18	
3		11		19	
4		12		20	
5		13		21	
6		14		22	
7		15		23	

(3)检查记录结果是否实现了预定逻辑功能。如果功能有误,则对设计方案与实现方案做进一步检查,直到得到正确结果为止。

5. 使用 74LS194 设计串行输入并行输出的 8 位移位寄存器(右移)

(1)右移信号的第 1 位为"1",作为右移的启动信号,其后 7 位右移信号为有效的移位数据。在图 2.4.6 中,画出用 74LS194 实现串行输入并行输出的 8 位移位寄存器(右移)的电路芯片引线连接图,将电路的状态输出连接到对应的指示灯。

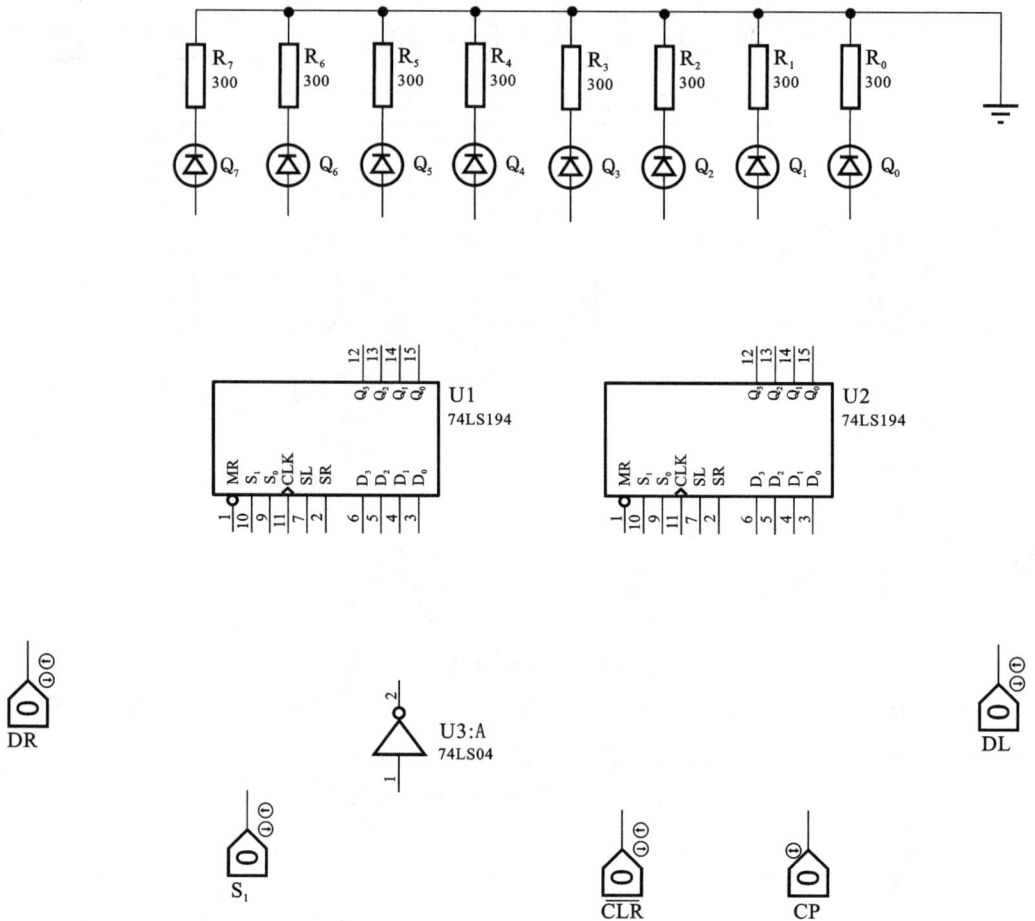

图 2.4.6 串行输入并行输出的 8 位移位寄存器(右移)电路图

(2)在 Proteus 环境中,调试并运行该电路。8 位移位寄存器(右移)工作前先清零,然后在时钟脉冲作用下验证电路是否实现了预定功能,并将结果记录在表 2.4.8 中。

表 2.4.8 串行输入并行输出的 8 位移位寄存器(右移)测试表

输 入						输 出							
$\overline{CLR}$	CP	S_1	S_0	DR	DL	Q_7	Q_6	Q_5	Q_4	Q_3	Q_2	Q_1	Q_0
0	×	×	×	×	×								
1	↑	0	1	1	×								
1	↑	0	1	1	×								
1	↑	0	1	1	×								
1	↑	0	1	1	×								
1	↑	0	1	1	×								

续表

输　入						输　出							
$\overline{CLR}$	CP	S_1	S_0	DR	DL	Q_7	Q_6	Q_5	Q_4	Q_3	Q_2	Q_1	Q_0
1	↑	0	1	0	×								
1	↑	0	1	1	×								
1	↑	0	1	1	×								
1	↑	0	1	0	×								

（3）检查记录结果是否实现了预定逻辑功能。如果功能有误,则对设计方案与实现方案做进一步检查,直到得到正确结果为止。

六、思考题

1. 在如图 2.4.5 所示的电路中,如何修改电路使该电路能够实现"用 74LS194 设计的串行输入并行输出的 8 位移位寄存器（具有左、右移位功能）"。

2. 请总结用 74LS193 设计计数器时,反馈电路设计的方法。

3. 用 1 片 74LS194 构成环形计数器。状态依次为 1000→0100→0010→0001→1000→…,依次循环移位。请问电路该如何设计? 画出电路图。

实验五　汽车尾灯控制器设计

一、实验目的

设计一个汽车尾灯控制器,实现对汽车尾灯显示状态的控制。

二、实验要求

1. 实验前的准备工作包括:做好实验预习,了解汽车尾灯的工作原理,完成电路设计。

2. 完成测试电路以及汽车尾灯电路实验。按照实验步骤完成实验项目。

3. 撰写实验报告,主要包括以下内容:

(1)实验目的;

(2)写出详细的实验步骤,记录实验数据;

(3)实验思考题的讨论。

4. 实验所用芯片包括以下几种:

(1)二输入四与非门 1 片,型号为 74LS00;

(2)三输入三与非门 1 片,型号为 74LS10;

(3)二输入四异或门 1 片,型号为 74LS86;

(4)3-8 线译码器 1 片,型号为 74LS138;

(5)JK 触发器,型号为 CD4027。

三、实验环境

1. 装有 Windows 操作系统的微型计算机。

2. 装有 Proteus 软件。

四、实验内容

1. CD4027 逻辑功能测试。

2. 设计汽车尾灯显示电路。

五、实验步骤

1. CD4027 逻辑功能测试

JK 触发器的次态方程为 $Q^{n+1} = J\overline{Q^n} + \overline{K}Q^n$。当没有时钟脉冲作用($CP=0$)时,无论

输入端 J 和 K 怎样变化,触发器保持原来状态不变。在时钟脉冲作用(CP＝1)时,可分为以下四种情况:

(1)当输入 J＝0,K＝0 时,$Q^{n+1}=Q^n$,触发器状态保持不变;

(2)当输入 J＝0,K＝1 时,$Q^{n+1}=0$,触发器状态一定为 0 状态;

(3)当输入 J＝1,K＝0 时,$Q^{n+1}=\overline{Q^n}+Q^n=1$,触发器状态一定为 1 状态;

(4)当输入 J＝1,K＝1 时,$Q^{n+1}=\overline{Q^n}$,触发器的次态与现态相反。

CD4027 逻辑功能测试电路图如图 2.5.1 所示。拨动相应的开关,观察测试的逻辑值是否与表 2.5.1 相同,并分析结果是否正确。

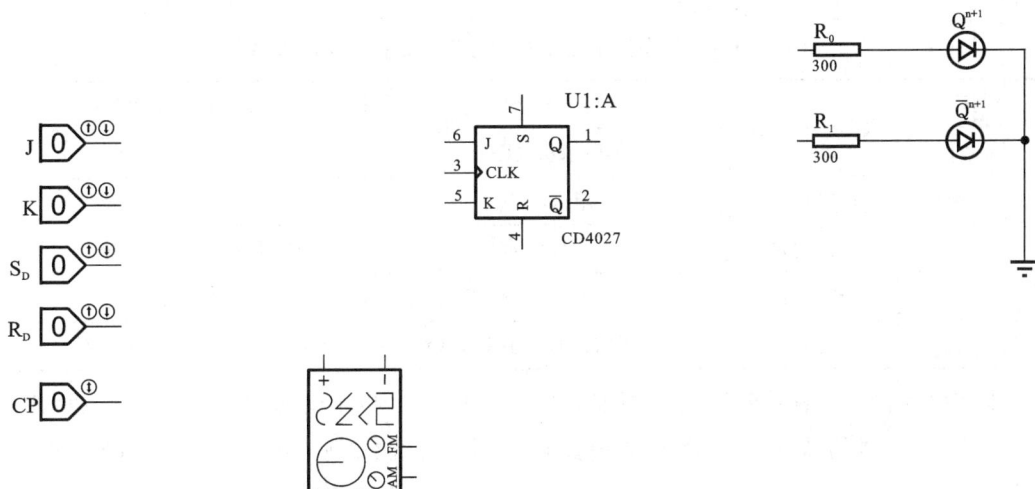

图 2.5.1　CD4027 逻辑功能验证电路图

表 2.5.1　CD4027 逻辑功能表

现在状态					CP	下一个状态	
输入				输出		输出	
J	K	S_D	R_D	Q^n		Q^{n+1}	$\overline{Q}^{n+1}$
1	×	0	0	0	↑	1	0
×	0	0	0	1	↑	1	0
0	×	0	0	0	↑	0	1
×	1	0	0	1	↑	0	1
×	×	0	0	×	↑	Q^n	$\overline{Q}^n$
×	×	1	0	×	×	1	1
×	×	0	1	×	×	0	1
×	×	1	1	×	×	1	1

2. 设计汽车尾灯显示电路

假定在汽车尾部左右两侧各有 3 个指示灯,根据汽车运行情况,指示灯具有如下 4

种不同的显示模式：

(1)汽车正向行驶时,左右两侧的指示灯全部处于熄灭；

(2)汽车右转弯行驶时,右侧的 3 个指示灯按右循环顺序点亮；

(3)汽车左转弯行驶时,左侧的 3 个指示灯按右循环顺序点亮；

(4)汽车临时刹车时,左右两侧的指示灯同时处于闪烁状态。

功能描述:根据设计要求,为了区分汽车尾灯的 4 种不同显示模式,首先必须设置两个控制变量。假定用开关 K_1 和 K_0 进行显示模式控制,可列出汽车尾灯显示状态与汽车运行状态的关系,如表 2.5.2 所示。

表 2.5.2 汽车尾灯显示状态与汽车运行状态的关系

控制变量		汽车运行状态	左侧 3 个指示灯	右侧 3 个指示灯
K_1	K_0		DL_1、DL_2、DL_3	DR_1、DR_2、DR_3
0	0	正向行驶	熄灭状态	熄灭状态
0	1	右转弯行驶	熄灭状态	按 DR_1、DR_2、DR_3 顺序循环点亮
1	0	左转弯行驶	按 DL_1、DL_2、DL_3 顺序点亮	熄灭状态
1	1	临时刹车	左右两侧的指示灯在时钟脉冲 CP 作用下同时闪烁	

因为在汽车左、右转弯行驶时要求与之对应的 3 个指示灯被循环点亮,所以可用一个三进制计数器的状态控制译码器电路顺序输出控制电平,按要求依次点亮 3 个指示灯。

假定三进制计数器的状态用 Q_1 和 Q_0 表示,可得出描述指示灯 DL_1、DL_2、DL_3、DR_1、DR_2、DR_3 与开关控制变量 K_1、K_0 和计数器的状态 Q_1、Q_0,以及时钟脉冲 CP 之间关系的功能表,如表 2.5.3 所示(表中指示灯的状态"1"表示点亮,"0"表示熄灭)。

表 2.5.3 汽车尾灯控制器功能表

控制变量		计数器状态		汽车尾灯					
K_1	K_0	Q_1	Q_0	DL_1	DL_2	DL_3	DR_1	DR_2	DR_3
0	0	×	×	0	0	0	0	0	0
0	1	0	0	0	0	0	1	0	0
		0	1	0	0	0	0	1	0
		1	0	0	0	0	0	0	1
1	0	0	0	0	0	1	0	0	0
		0	1	0	1	0	0	0	0
		1	0	1	0	0	0	0	0
1	1	×	×	CP	CP	CP	CP	CP	CP

由上述功能分析可知,该汽车尾灯控制器可由尾灯显示模式控制电路、三进制计数器、译码电路和尾灯状态显示四个部分组成,其结构框图如图 2.5.2 所示。

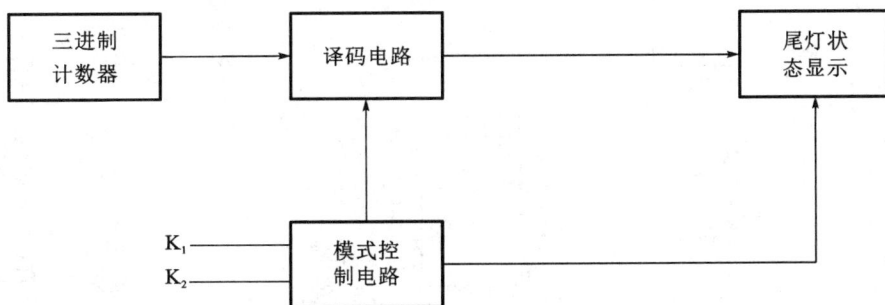

图 2.5.2　汽车尾灯控制器结构框图

在图 2.5.2 中,译码电路功能是在模式的控制电路输出和三进制计数器状态的作用下,一共产生 6 个尾灯控制信号。

(1)列出真值表,见表 2.5.4。

表 2.5.4　真值表

输　入					输　出	
CP	K_1	K_0	Q_1	Q_0	DL_1　DL_2　DL_3	DR_1　DR_2　DR_3
×	0	0	×	×		
×	0	1	0　　0			
			0　　1			
			1　　0			
×	1	0	0　　0			
			0　　1			
			1　　0			
1	1	1	×	×		

(2)写出最简输出函数表达式。

(3)在图 2.5.3 中画出逻辑电路图(标注芯片引脚)。

(4)按照所设计的电路图搭建实验平台、安插芯片、连线,并将电路的输入端与开关连接,将电路输出端与显示灯连接。

(5)通过拨动开关和输入脉冲信号,观察显示灯的情况,并将结果填入表 2.5.5 中。

(6)检查结果是否实现了预定逻辑功能。

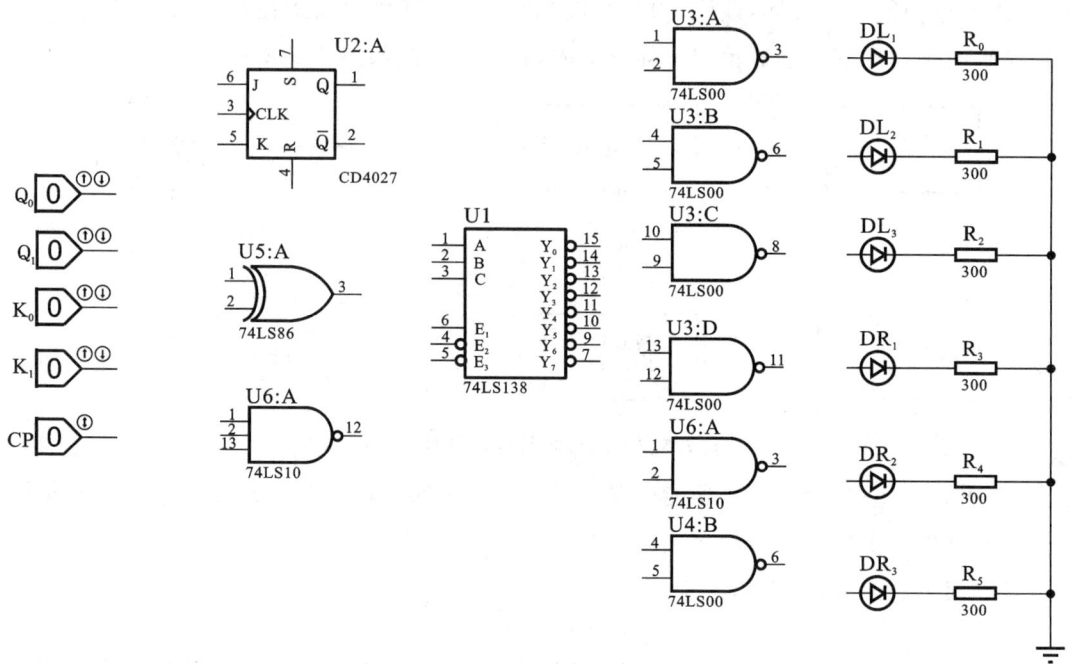

图 2.5.3　汽车尾灯电路图

表 2.5.5　显示灯结果

CP	K_1	K_0	Q_1	Q_0	DL_1	DL_2	DL_3	DR_1	DR_2	DR_3
×	0	0	0	0						
×	0	0	0	1						
×	0	0	1	0						
×	0	0	1	1						
×	0	1	0	0						
×	0	1	0	1						
×	0	1	1	0						
×	0	1	1	1						
×	1	0	0	0						
×	1	0	0	1						
×	1	0	1	0						
×	1	0	1	1						
1	1	1	0	0						
1	1	1	0	1						
1	1	1	1	0						
1	1	1	1	1						

六、思考题

1. 是否可以用 D 触发器替代 JK 触发器设计电路？
2. 如果让你设计一个电路来控制灯的亮度，应该用哪些逻辑门？如何设计？

实验六　交通信号灯电路设计

一、实验目的

1. 加深对数字电路知识的理解:通过实际设计电路,巩固和应用数字逻辑门、计数器、译码器等知识。

2. 培养电路设计与实现能力:学会从需求分析到电路方案设计、器件选型、原理图绘制以及实际搭建和调试电路的全过程。

3. 提高解决问题和创新的能力:在设计过程中,可能会遇到各种问题,如逻辑错误、信号干扰等,需要运用所学知识和实践经验去解决,培养创新思维和解决复杂问题的能力。

二、实验要求

1. 做好实验预习,了解交通信号灯的工作原理,完成简单电路设计。

2. 完成减法计数器电路实验。按照实验步骤完成实验项目,了解红绿灯电路的设计和运行过程。

3. 撰写实验报告,主要包括以下内容:

(1)实验目的;

(2)写出详细的实验步骤,并记录实验数据;

(3)实验思考题的讨论。

4. 实验所用芯片包括以下几种:

(1)二输入四与非门,型号为74LS00;

(2)一输入六非门,型号为74LS04;

(3)四输入二与非门,型号为74LS20;

(4)二输入四与门,型号为74LS08;

(5)双 D 触发器,型号为74LS74;

(6)二输入四与门,型号为74LS02;

(7)二输入四或门,型号为74LS32;

(8)集成二进制计数器,型号为74LS193。

三、实验环境

1. 装有 Windows 操作系统的微型计算机。

2. 装有 Proteus 软件。

四、实验内容

1. 使用 74LS193 分别设计十进制和五进制的减法计数器。

2. 使用 74LS193 分别设计两个五十进制的减法计数器。

3. 设计红灯、绿灯和黄灯电路。

4. 设计行人控制倒计时电路。

五、实验步骤

1. 设计要求

按照图 2.6.1 所示的交通灯示意图设计一个控制电路。

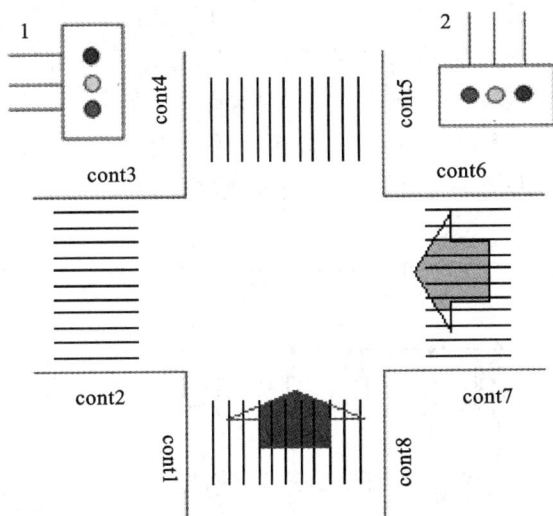

图 2.6.1　交通灯示意图

2. 控制要求

(1) 系统工作受开关控制,启动开关"ON",则系统工作;启动开关"OFF",则系统停止工作。

(2) 控制对象有两个:东西方向红、黄、绿灯各一个,南北方向红、黄、绿灯各一个。

(3) 西北方向、东北方向各设置显示两位十进制的 7 段显示器,用来显示 50 秒倒数计数值。

(4) 斑马线道口设置行人控制键 cont1,cont2,…,cont8,控制键按下,车辆 10 秒停止通行。

3. 交通灯运行状态分析

根据控制要求,在单行道十字交叉路口设计两相位交通信号控制系统,通过南北向与东西向的循环交替直行放行,确保单向车流的通行效率和交通安全。根据要求,交通

灯设定两种状态 S_1、S_2,以这两种状态为一个周期采用循环运行机制。循环执行,其交通灯状态循环图如图 2.6.2 所示。

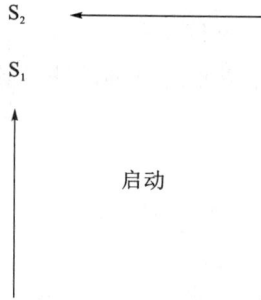

图 2.6.2　交通灯状态循环图

1)用 74LS193 分别设计十进制和五进制的减法计数器

在 Proteus 环境中,用 74LS193 设计一个十进制减法计数器和五进制减法计数器,并运行该电路。通过拨动开关输入各种变量取值,每输入一组变量后观察显示灯的情况,将结果记录在对应的表格中,分析并观察结果是否正确。

在 Proteus 环境中接入示波器,将示波器的输入端 A、B、C、D 分别接到电路的输出端 Q_C、Q_B、Q_A、C_P,观察并记录分析电路的输入/输出波形。

(1)十进制计数。

图 2.6.3 是用 74LS193 设计的一个十进制减法计数器的示意图,请将实验结果记录到表 2.6.1 中。

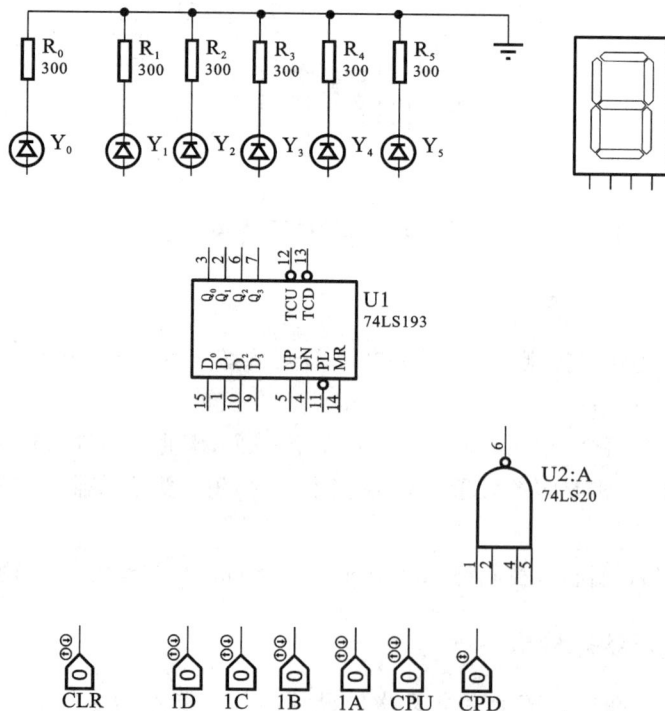

图 2.6.3　十进制减法计数器示意图

表 2.6.1　十进制减法计数器功能验证测试数据

CP	显示灯	CP	显示灯	CP	显示灯	CP	显示灯
0		3		6		9	
1		4		7			
2		5		8			

（2）五进制计数。

图 2.6.4 是用 74LS193 设计的一个五进制减法计数器的示意图,请将实验结果记录到表 2.6.2 中。

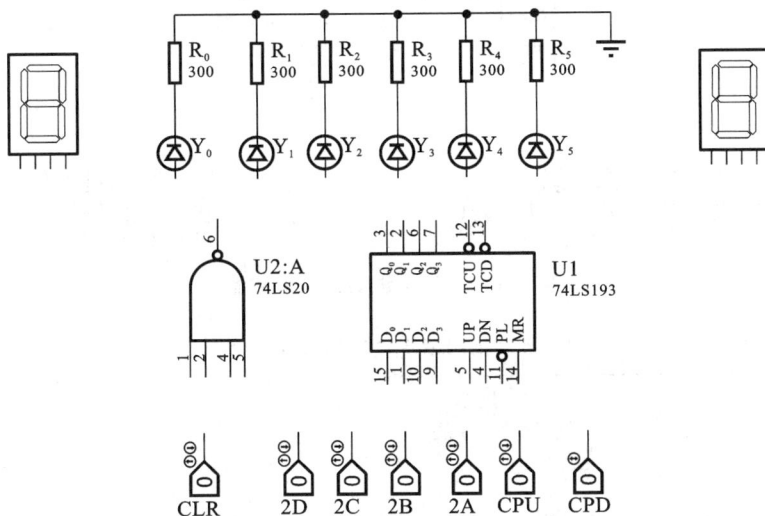

图 2.6.4　五进制减法计数器示意图

表 2.6.2　五进制减计数器功能验证测试数据

CP	显示灯	CP	显示灯	CP	显示灯
0		2		4	
1		3			

2)用 74LS193 分别设计两个五十进制的减法计数器

将十进制和五进制减法计数器组合成五十进制减法计数器,其示意图如图 2.6.5 所示,请将实验结果记录到表 2.6.3 中。

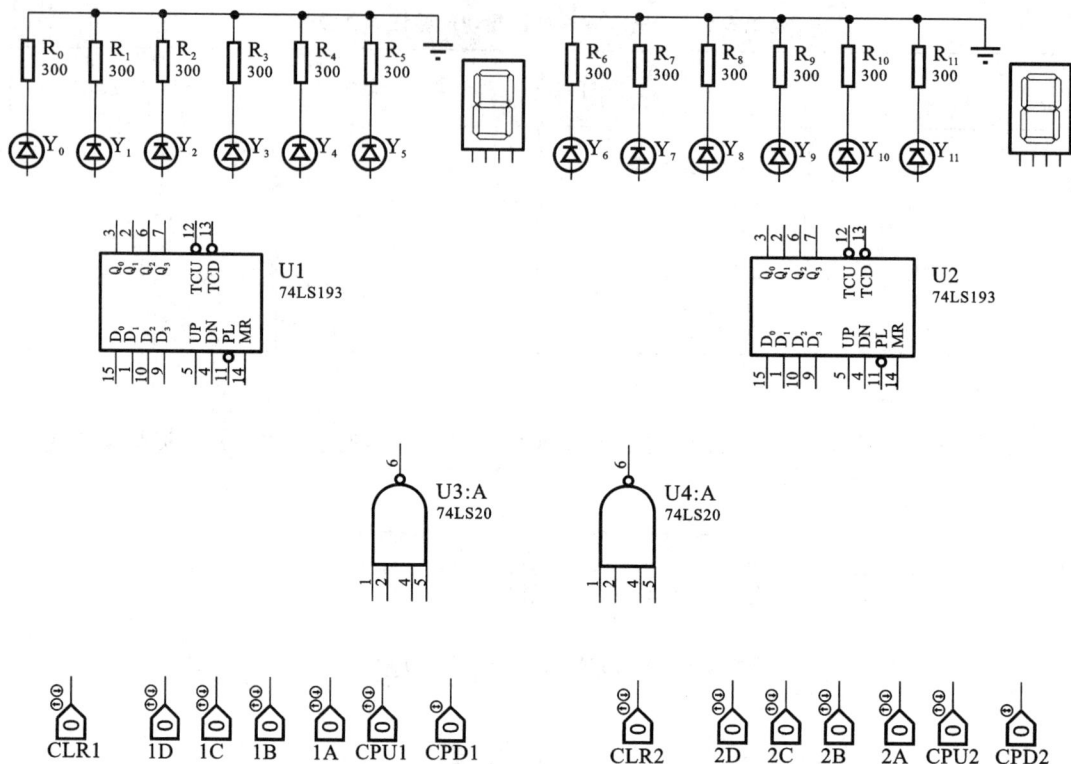

图 2.6.5　五十进制减法计数器

表 2.6.3　五十进制减法计数器功能验证测试数据

CP	显示灯	CP	显示灯	CP	显示灯	CP	显示灯
0		14		28		42	
1		15		29		43	
2		16		30		44	
3		17		31		45	
4		18		32		46	
5		19		33		47	
6		20		34		48	
7		21		35		49	
8		22		36			
9		23		37			
10		24		38			
11		25		39			
12		26		40			
13		27		41			

3)设计红灯亮、绿灯亮和黄灯亮电路

前 45 秒分别是红灯亮、绿灯亮,最后 5 秒是黄灯亮。

(1)用 D 触发器控制红灯、绿灯,如图 2.6.6 所示。

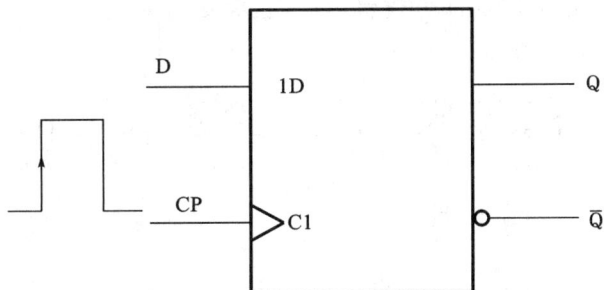

图 2.6.6　D 触发器示意图

(2)考虑黄灯亮时红灯、绿灯都熄灭的组合电路。Q_{31} 代表十位计数器的高位输出,Q_{30} 代表个位计数器的高位输出。在图 2.6.6 和以下逻辑函数的基础上完成图 2.6.7 中红灯、黄灯和绿灯电路。

$$Y = Q_{31} \cdot \overline{Q}_{21} \cdot \overline{Q}_{11} \cdot \overline{Q}_{01} \cdot \overline{Q}_{30} \cdot (Q_{20} + \overline{Q}_{10})$$

$$R = \overline{Y} \cdot \overline{Q}$$

$$G = \overline{Y} \cdot Q$$

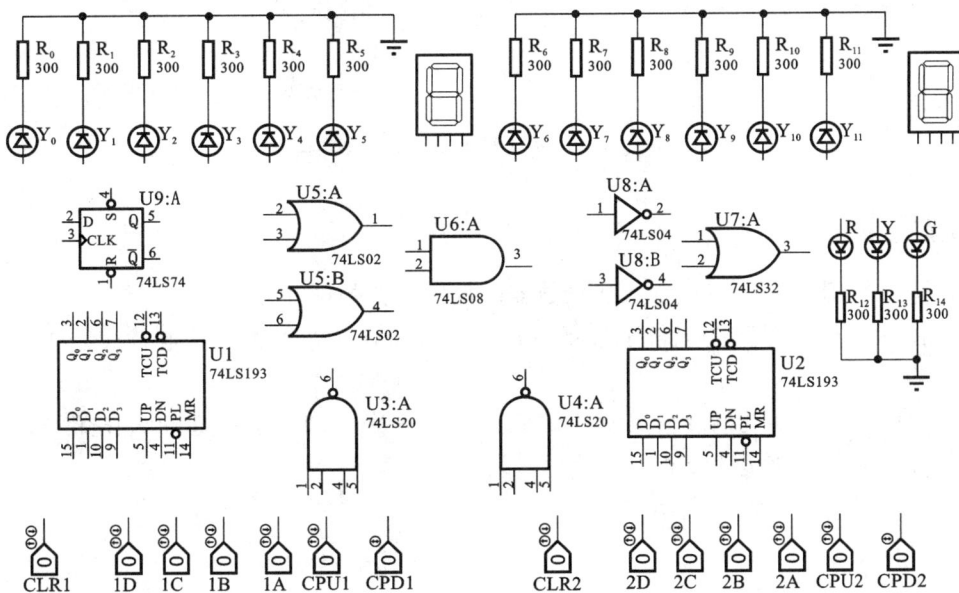

图 2.6.7　交通信号灯示意图

(3)求出控制交通灯 D 触发器的逻辑函数。

D =

4)设计行人控制倒计时电路

在人员较少的区域,红绿灯电路的设计重点在于在保证交通安全的前提下,通过更

智能的检测和控制方式,提高道路通行效率,减少不必要的等待时间。行人控制键
cont1,cont2,…,cont8 按下,车辆通行倒计时跳变至 20 秒开始倒计时,结束后恢复至 50
秒倒计时,直至再有行人按下控制键,循环往复。此交通灯为行人较稀少的十字路口设
计。在图 2.6.7 的基础上添加部分逻辑门电路,完成行人控制。大家可自行设计电路,
并实现此功能,参考电路图 2.6.8。

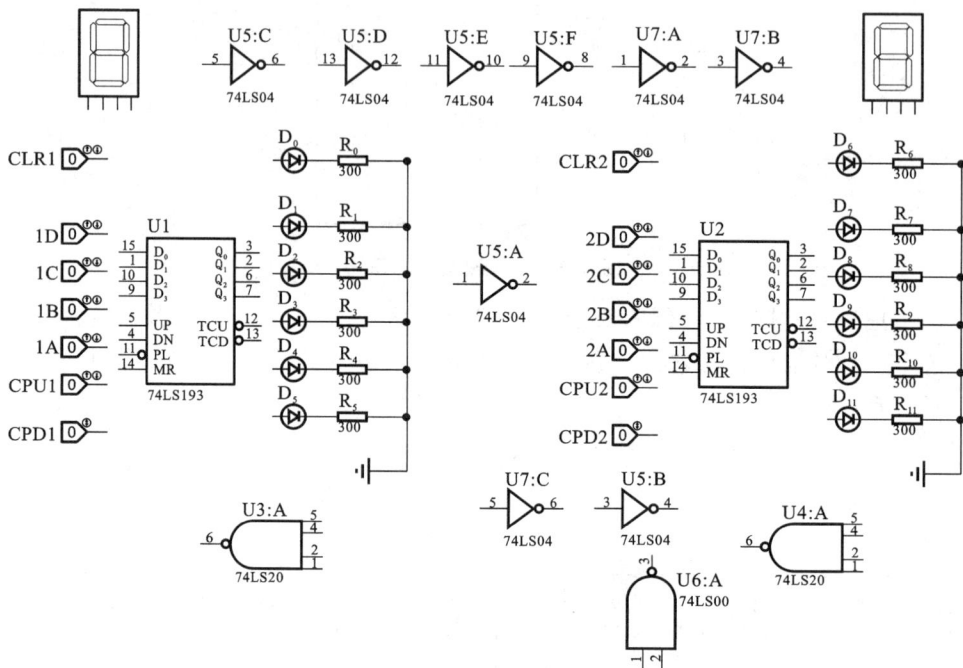

图 2.6.8　行人控制倒计时电路图

六、思考题

1. 请总结用 74LS193 设计减法计数器时反馈电路的设计方法。

2. 在图 2.6.7 所示的电路中,D 触发器的作用是什么?可否有其他替代方式完成该
功能。

3. 用触发方式实现倒计时缩短。请问图 2.6.8 中非门的运用起什么作用?是否需
要删除部分非门?该电路是否可以简化?

数字逻辑课程设计

一、课程设计任务

熟悉数字逻辑课程所完成的各个实验任务。在掌握各实验任务知识的基础上,设计并实现一个简单运算器。

1. 利用 74LS 系列集成芯片设计一个简单运算器 1 电路。

2. 自行设计封装一个先行进位的 4 位二进制并行加法器、2-4 线译码器、4 位二进制寄存器,替代原先利用 74LS 系列集成芯片设计的简单运算器 1 电路中的 74LS283、74LS139、74LS194 等芯片,重新组成一个简单运算器 2 电路,在 Proteus 环境中调试并成功运行。

二、实验环境

1. 装有 Windows 操作系统的微型计算机。

2. 装有 Proteus 软件。

三、课程设计内容

(一)简单运算器 1 设计

利用 74LS 系列集成芯片设计一个能实现两种算术运算和两种逻辑运算的 4 位简单运算器。假设参加运算的 4 位数据分别存放在 4 个寄存器 A、B、C、D 中,要求在选择变量 S_1、S_0 的控制下,实现完成如下四种基本运算:A+B,即 A 加 B 运算,显示运算结果并将结果送寄存器 A;A−B,即 A 减 B 运算,显示运算结果并将结果送寄存器 B;C&D,即 C 与 D 运算,显示运算结果并将结果送寄存器 C;C⊕D,即 C 异或 D 运算,显示运算结果并将结果送寄存器 D。

1. 功能描述

根据设计要求,需要设置 2 个运算控制变量。设运算控制变量为 S_1 和 S_0,可列出简单运算器的功能,如表 2.7.1 所示。

表 2.7.1　运算器功能表

S_1　S_0	功　能	说　明
0　0	A+B→A	A 加 B,结果送 A
0　1	A−B→B	A 减 B,结果送 B
1　0	C&D→C	C 与 D,结果送 C
1　1	C⊕D→D	C 异或 D,结果送 D

2. 电路设计

1)算术运算电路

算术运算电路实现指定的两种算术运算。算术运算是指能实现二进制补码加、减运算。

假设选择 4 位并行加法器实现二进制补码加、减运算,参与运算的数据已存放在寄存器 A 和 B 中,可用 1 片 74LS283 芯片和 4 个异或门构成相应算术运算电路,实现 A＋B 和 A－B。图 2.7.1 所示的是算术运算电路逻辑图。

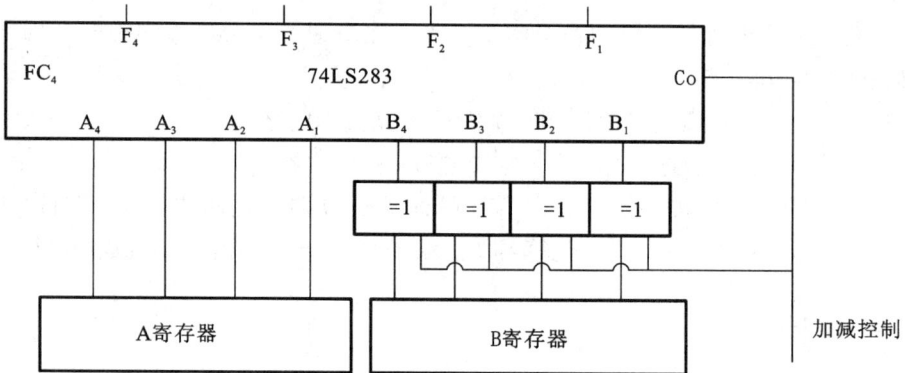

图 2.7.1 算数运算电路逻辑图

2)逻辑运算电路

设计的逻辑运算电路实现的两种逻辑运算是与逻辑运算和异或逻辑运算。

假设 2 个 4 位二进制代码参与与逻辑运算和异或逻辑运算,且参与运算的数据已存放在寄存器 C 和 D 中,可由 4 个与门($C_i \& D_i$)和 4 个异或门实现($C_i \oplus D_i$)的两种逻辑运算。据此,可画出逻辑运算电路的逻辑电路,如图 2.7.2 所示。

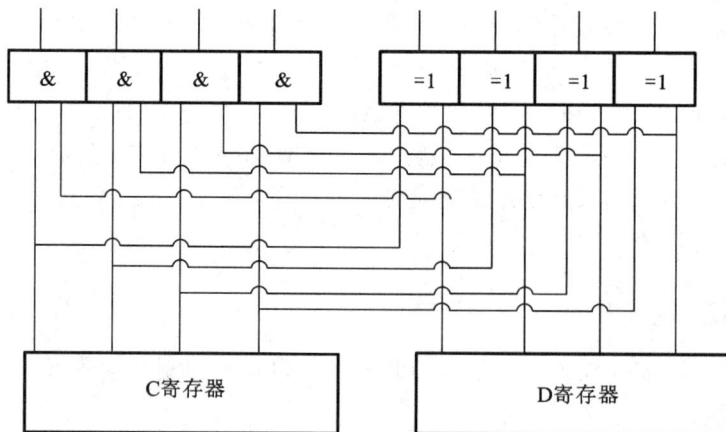

图 2.7.2 逻辑运算电路逻辑图

3)传输控制电路

传输控制电路的功能是根据运算控制变量的取值,从运算电路给出的四种不同运算结果中选出一种运算结果。

该运算结果一方面通过总线送至显示输出端显示,另一方面送至目的寄存器保存。

运算结果的选择采用 2 片双四路数据选择器 74LS153 来实现。

用运算控制变量 S_1 和 S_0 作为数据选择器 74LS153 的选择变量。将 A＋B、A－B、C&D、C⊕D 的运算结果,分别加在数据选择器 74LS153 的数据输入端 D_0、D_1、D_2、D_3,即可实现对四种不同运算 A＋B、A－B、C&D、C⊕D 的运算结果的选择。算术逻辑运算结果选择电路逻辑图如图 2.7.3 所示。

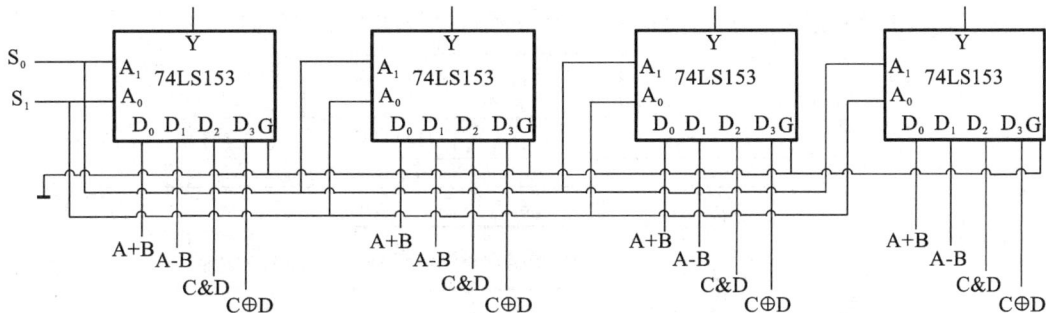

图 2.7.3　算术逻辑运算结果选择电路逻辑图

假定 4 个寄存器 A、B、C、D 均采用 4 位双向移位寄存器 74LS194,则传输控制电路应实现对寄存器工作方式的选择和工作脉冲的控制。

为了区分 4 个不同的寄存器选择,可用 2-4 线二进制译码器 74LS139 对寄存器地址 A_1 和 A_0 进行译码,产生 74LS139 输出信号:$\overline{Y_0}$,选择 A 寄存器;$\overline{Y_1}$,选择 B 寄存器;$\overline{Y_2}$,选择 C 寄存器;$\overline{Y_3}$,选择 D 寄存器。

选择有效的寄存器后,且工作脉冲(CP)有效,可形成选择相应的寄存器传送控制信号(CLK),同时令相应的寄存器处在并行数据输入方式($S_1 S_0 = 11$),则可将总线数据导入相应的寄存器。此传输控制数据导入寄存器电路逻辑图如图 2.7.4 所示。

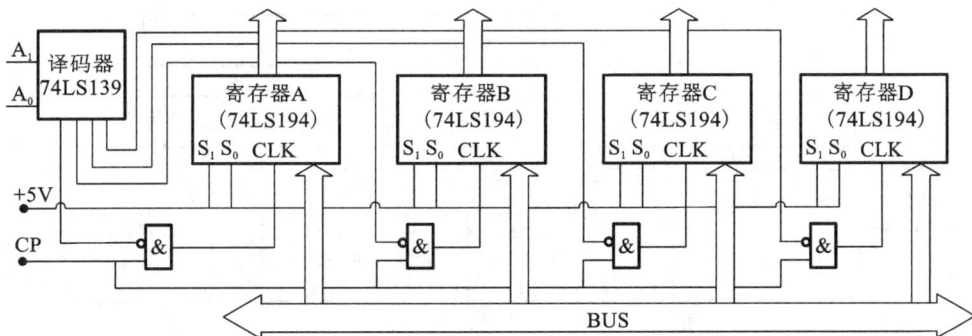

图 2.7.4　控制数据导入寄存器电路逻辑图

4)运算结果显示电路

采用发光二极管显示运算结果,则显示电路可由 4 个发光二极管、4 个电阻组成,将图 2.7.3 所示传输控制电路中的 4 个四路数据选择器输出,通过总线接至 4 个发光二极管的输入,当四路数据选择器输出为高电平时,相应发光二极管被点亮。

5)总线数据传输电路

总线是一组传输线。总线上传输的数据是分时、共享的。为了控制总线上的数据分时传输,也就是要求在总线上上传的多路数据不能发生冲突,在同一时刻只能有一路数据在总线上传输。因此发送端要将数据送往总线时,发送端要加一个三态缓冲器以控制发送的数据是否能发往总线。

如图 2.7.5 所示,连接算术和逻辑运算电路输出端的数据选择器 74LS153,其要输出的运算结果要送往总线以便写入寄存器,则要通过三态缓冲器 74LS244 控制。用 74LS244 控制数据选择器的输出是否能将数据送入总线,同时送显示灯显示,并写入相应的寄存器。

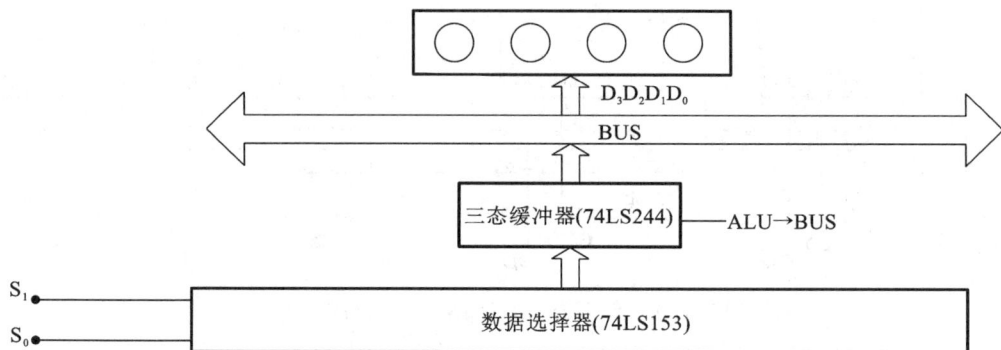

图 2.7.5　总线数据传输控制电路逻辑图

综上所述,完整的简单运算器 1 逻辑电路,如图 2.7.6 所示。

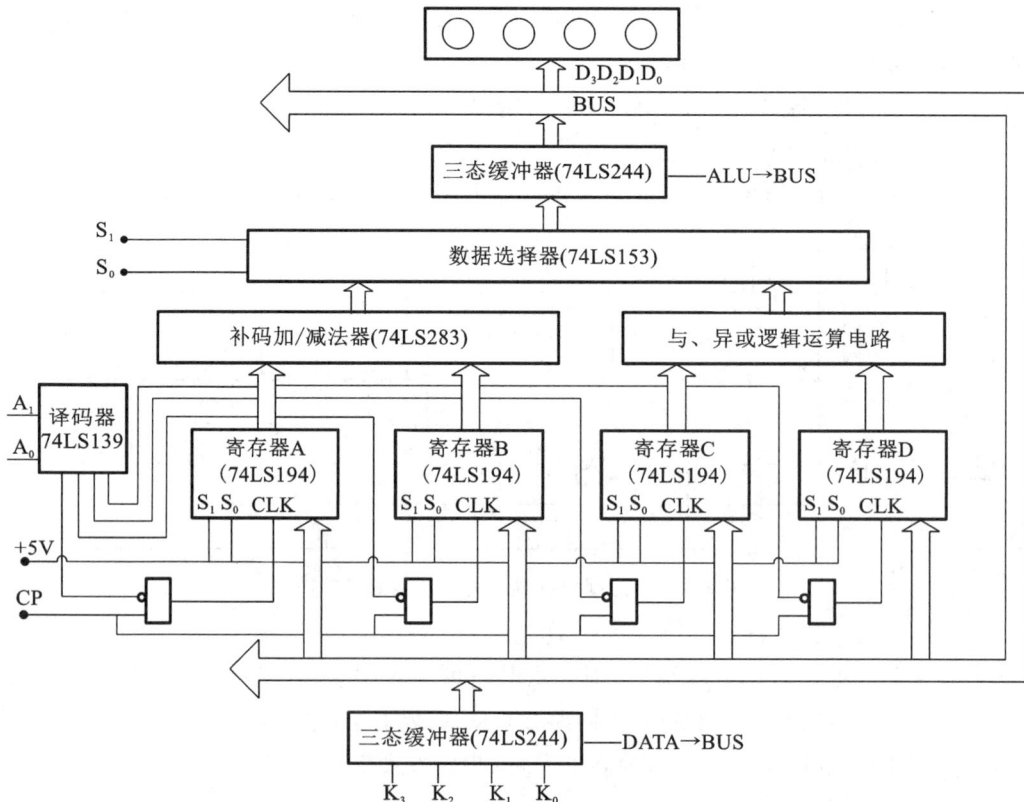

图 2.7.6　简单运算器 1 电路逻辑图

依据图 2.7.6 所示的简单运算器 1 电路逻辑图,在图 2.7.7 中,请画出简单运算器 1 的电路芯片引线连接图,并在 Proteus 环境中成功运行。

在 Proteus 环境中,调试并运行该电路,将运算结果记录在表 2.7.2 中(至少给出 4 组验证数据)。

表 2.7.2　运算结果验证表

S_1 S_0	功能	A 寄存器	B 寄存器	C 寄存器	D 寄存器	A_1 A_0	目的寄存器
0　0	$A+B \rightarrow A$						
0　1	$A-B \rightarrow B$						
1　0	$C \& D \rightarrow C$						
1　1	$C \oplus D \rightarrow D$						

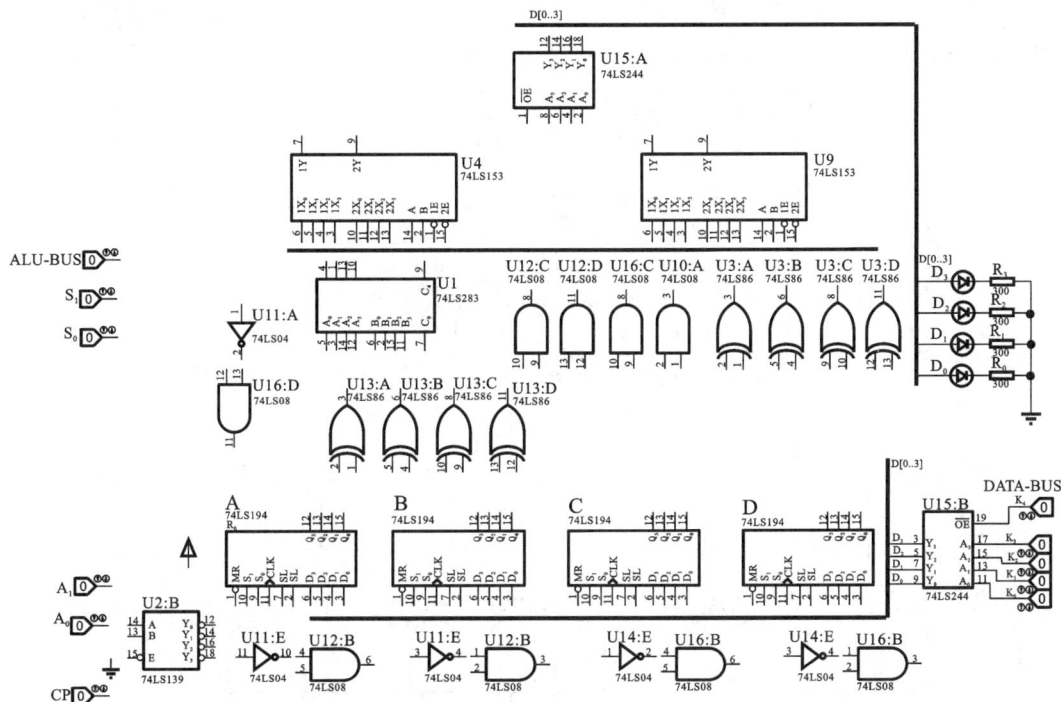

图 2.7.7　简单运算器 1 电路连接图

(二)设计先行进位的 4 位二进制并行加法器

利用超前进位的思想设计一个先行进位的 4 位二进制并行加法器。

先行进位的 4 位二进制并行加法器电路有 9 个输入 A_4、A_3、A_2、A_1、B_4、B_3、B_2、B_1 和 C_0,5 个输出 S_4、S_3、S_2、S_1 和 C_4。输入 $A=A_4 A_3 A_2 A_1$、$B=B_4 B_3 B_2 B_1$ 和 C_0 分别为被加数、加数和来自低位的进位;输出 $S=S_4 S_3 S_2 S_1$ 本位和,C_4 为向高位的进位。

(1)请写出 4 位二进制并行加法器各位的进位函数和输出函数表达式:

$P_i =$ 　　　　　　　　　　　　　　　　$G_i =$

$C_1 =$

$C_2 =$

$C_3 =$

$C_4 =$

其中，设 $P^* = P_4 P_3 P_2 P_1$，$G^* = P_4 P_3 P_2 G_1 + P_4 P_3 G_2 + P_4 G_3 + G_4$，所以

$$C_4 = P^* C_0 + G^*$$

则

$S_1 =$

$S_2 =$

$S_3 =$

$S_4 =$

在图 2.7.8 中画出设计好的先行进位的 4 位二进制并行加法器的电路芯片引线连接图，在 Proteus 环境中进行电路调试，并成功运行。

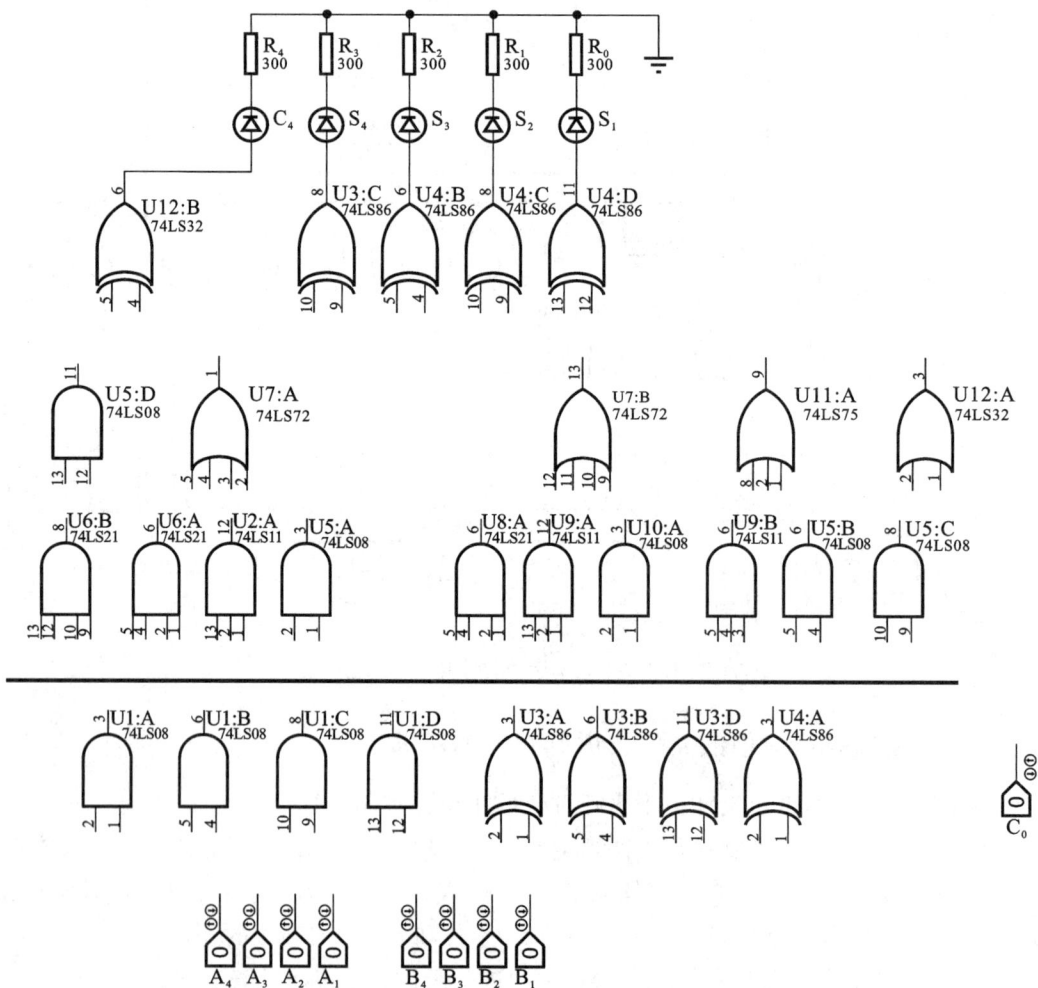

图 2.7.8 先行进位的 4 位二进制并行加法器电路连接图

(2)将调试正确的先行进位的 4 位二进制并行加法器封装成一个组件,并验证它的正确性。封装后的逻辑符号如图 2.7.9 所示。

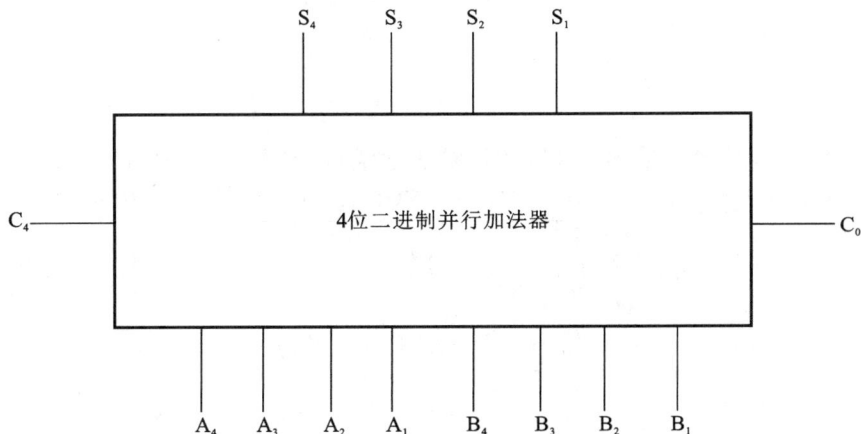

图 2.7.9　先行进位的 4 位二进制并行加法器

(3)将封装好的先行进位的 4 位二进制并行加法器替代简单运算器 1 电路中的 74LS283 芯片,形成新的简单运算器 2 电路。调试简单运算器 2 电路并成功运行。

(4)将运算结果填入表 2.7.3 中,并验证结果的正确性。

表 2.7.3　结果验证表

S_1　S_0	功能	A 寄存器	B 寄存器	C 寄存器	D 寄存器	A_1 A_0	目的寄存器
0　0	$A+B \rightarrow A$						
0　1	$A-B \rightarrow B$						

（三）设计 2-4 线译码器

利用三输入三与非门 74LS10 和六非门 74LS04 组成 2-4 线译码器。

(1)2-4 线译码器电路有 3 个输入:译码器数据输入 A_1、A_0;译码器控制信号输入 E。E=0,表示译码器工作,对输入的数据 A_1、A_0 进行二进制译码输出。2-4 线译码器电路有 4 根输出线,即 $\overline{Y}_3$、$\overline{Y}_2$、$\overline{Y}_1$、$\overline{Y}_0$。

设计的 2-4 线译码器真值表如表 2.7.4 所示。

表 2.7.4　2-4 线译码器真值表

输　入			输　出			
E	A_1	A_0	$\overline{Y}_3$	$\overline{Y}_2$	$\overline{Y}_1$	$\overline{Y}_0$
1	×	×	1	1	1	1
0	0	0	1	1	1	0
0	0	1	1	1	0	1
0	1	0	1	0	1	1
0	1	1	0	1	1	1

依据表 2.7.4 所示的 2-4 线译码器真值表,求出 4 根输出线 Y_3、Y_2、Y_1、Y_0 的 2-4 线译码器的输出函数表达式。

$Y_3 =$

$Y_2 =$

$Y_1 =$

$Y_0 =$

依据上述 2-4 线译码器的 4 个输出函数表达式,在图 2.7.10 中画出设计好的 2-4 线译码器的电路芯片引线连接图,在 Proteus 环境中进行电路调试并成功运行。

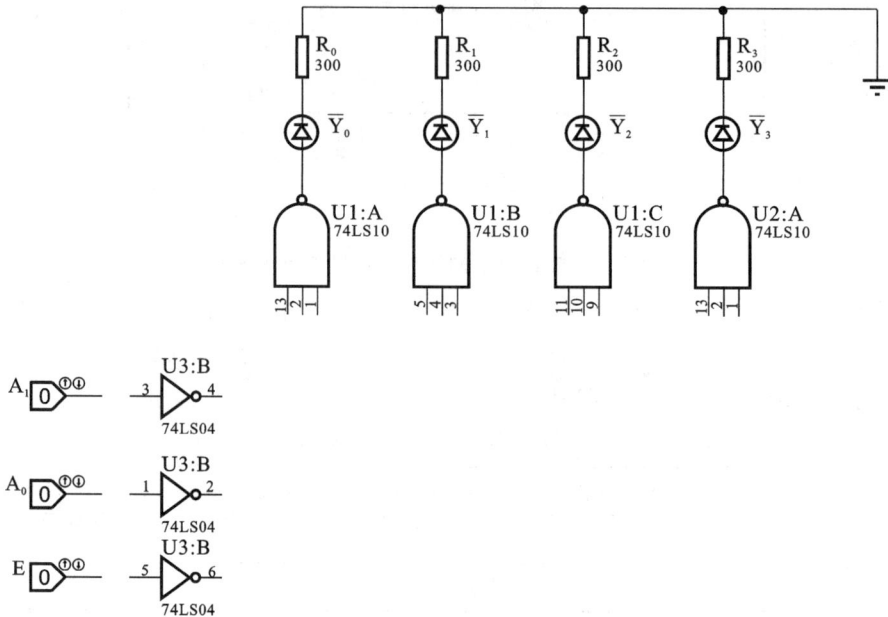

图 2.7.10　2-4 线译码器的电路

(2)将调试正确的 2-4 线译码器封装成一个组件,并验证它的正确性,封装后的逻辑符号如图 2.7.11 所示。

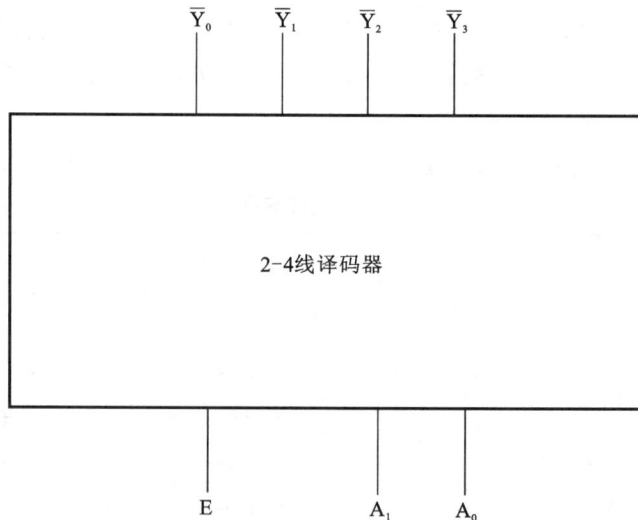

图 2.7.11　2-4 线译码器

(3)将封装好的 2-4 线译码器,替代简单运算器 1 电路中的 74LS139 芯片,组成新的简单运算器 2 电路。调试简单运算器 2 电路并成功运行。

(4)将运算结果填入表 2.7.5 中,并验证结果的正确性。

表 2.7.5　2-4 线译码器验证表

输　入			输　出			
E	A$_1$	A$_0$	$\overline{Y_3}$	$\overline{Y_2}$	$\overline{Y_1}$	$\overline{Y_0}$
1	×	×				
0	0	0				
0	0	1				
0	1	0				
0	1	1				

（四）设计 4 位二进制寄存器（选做）

利用 2 片双 D 触发器 74LS74,组成 4 位二进制寄存器。

(1)4 位二进制寄存器电路有 6 个输入 D$_3$、D$_2$、D$_1$、D$_0$、CLK、R 和 4 个输出 Q$_3$、Q$_2$、Q$_1$、Q$_0$。输入 D$_3$、D$_2$、D$_1$、D$_0$ 是要写入寄存器中的数据,输入 CLK 是写入脉冲,输入 R＝0 是寄存器清零信号。

在 Proteus 环境中,画出设计的 4 位二进制寄存器电路图,进行电路调试,并保证运行正确。

(2)将调试正确的 4 位二进制寄存器封装成一个组件,并验证它的正确性。

将调试正确的 4 位二进制寄存器进行封装,并验证它的正确性,封装后的逻辑符号见图 2.7.12 所示。

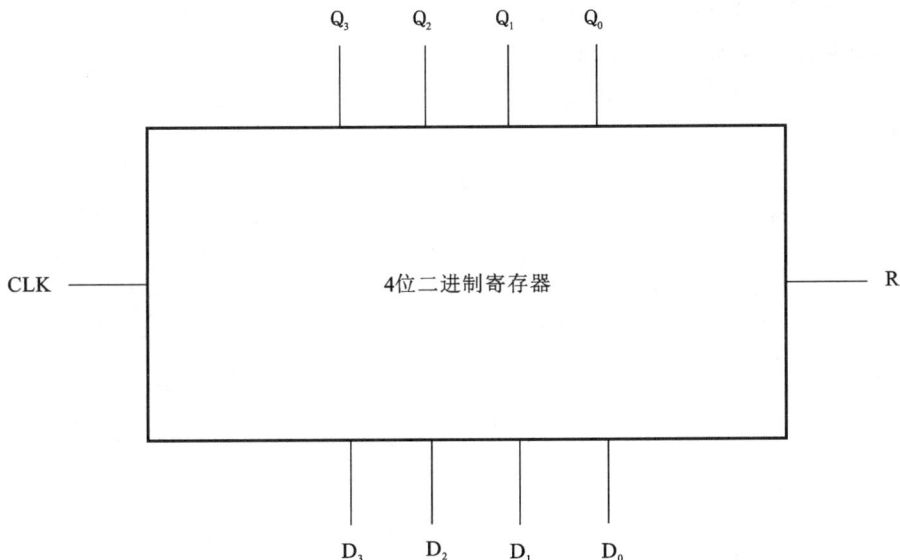

图 2.7.12　4 位二进制寄存器

(3)将封装好的 4 位二进制寄存器,替代简单运算器 1 电路中的 74LS194 芯片,组成新的简单运算器 2 电路。调试新的简单运算器 2 电路,并保证运行正确。

（五）简单运算器 2 电路测试

(1)将封装好的先行进位的 4 位二进制并行加法器替代简单运算器 1 电路中的 74LS283 芯片。

(2)将封装好的 2-4 线译码器替代简单运算器 1 电路中的 74LS139 芯片。

(3)将封装好的 4 位二进制寄存器替代如图 2.7.7 所示的简单运算器 1 电路中的 74LS194 芯片(选做)。

上述芯片替代完成后,构成新的简单运算器 2 电路。在 Proteus 环境中,画出设计的简单运算器 2 的电路图,进行电路调试并成功运行。在表 2.7.6 中填入简单运算器 2 电路测试的结果。

表 2.7.6　简单运算器 2 电路测试表(至少给出 4 组验证数据)

S_1 S_0	功能	A 寄存器	B 寄存器	C 寄存器	D 寄存器	A_1 A_0	目的寄存器
0　0	A＋B→A						
0　1	A－B→B						
1　0	C&D→C						
1　1	C⊕D→D						

四、思考题

1. 本课程设计中你的收获是什么?

2. 你认为课程设计中的难点在哪些方面?

3. 如何解决本课程设计中的难点?

4. 请你给出本课程设计的建议。

第3篇

计算机组成原理实验

实验一　运算器实验

运算器是对数据进行加工处理的部件,它在控制器的作用下与内存交换数据,负责进行各类基本的算术运算、逻辑运算和其他操作。运算器含有暂时存放数据或结果的暂存器、状态寄存器。运算器由算术逻辑单元(Arithmetic Logic Unit,ALU)、累加器、暂存器、状态寄存器等组成。其中,算术逻辑单元 ALU 是运算器的核心,是用于完成加、减、乘、除等算术运算,与、或、非等逻辑运算以及移位、求补等操作。

一、实验目的

1. 熟悉简单运算器的数据传送通路。

2. 掌握使用 74LS181 完成逻辑运算电路的设计方法。

3. 验证运算器 74LS181 的算术逻辑功能。

4. 按给定数据完成指定的算术、逻辑运算。

二、实验要求

1. 做好实验前预习,了解组成 ALU 单元各芯片引脚功能,完成 ALU 单元组成电路设计。

2. 完成不带进位算术、逻辑运算实验。按照实验步骤完成实验项目,了解算术逻辑运算单元的运行过程。

3. 撰写实验报告,主要包括以下内容:

(1)实验目的;

(2)写出详细的实验步骤,记录实验数据;

(3)实验思考题的讨论。

三、实验环境

1. 装有 Windows 操作系统的微型计算机。
2. 装有 Proteus 软件。

四、实验说明

1. ALU 单元实验构成

(1)弄清楚使用 4 位 ALU 扩展多位 ALU 的原理、进位的作用和连接。
(2)$SW_0 \sim SW_7$ 作为数据输入,2 片 74LS244 控制开关数据是否连接到数据总线上。
(3)2 片 74LS273 作为 ALU 单元的 2 个数据暂存器(DR_1、DR_2)。
(4)运算器由 2 片 74LS181 构成 8 位字长的 ALU 单元。
(5)运算器的数据输出由 2 片 74LS244(输出缓冲器)来控制,把 ALU 的数据输出端连接到数据总线上。

2. ALU 单元实验逻辑电路图

ALU 单元实验的逻辑电路图如图 3.1.1 所示。

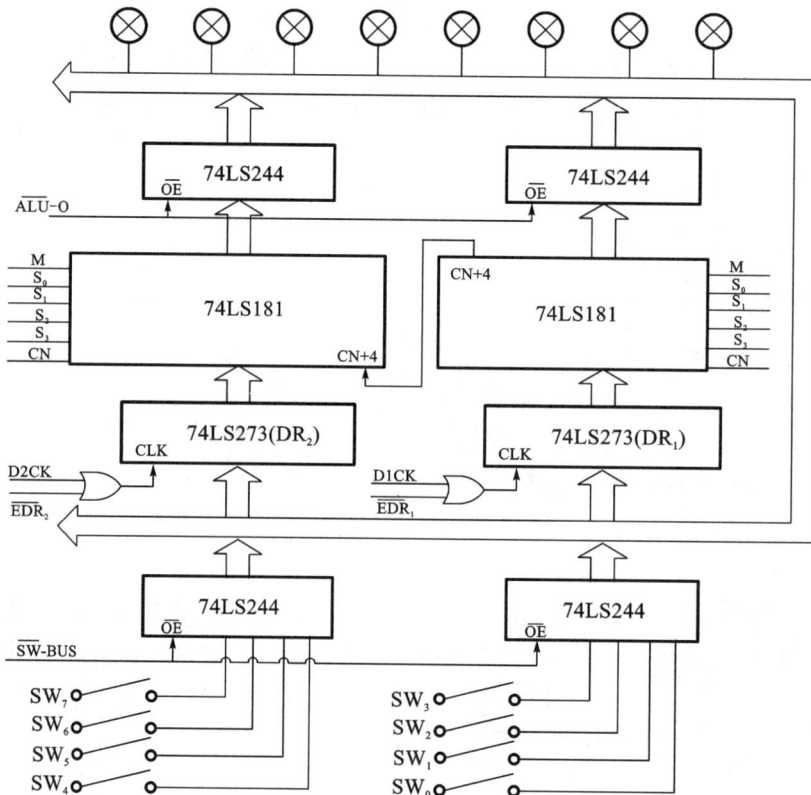

图 3.1.1　ALU 单元实验的逻辑电路图

1）ALU 单元的工作原理

SW$_0$～SW$_7$ 作为开关数据输入，2 片 74LS244 的 $\overline{\text{SW-BUS}}$ 为低电平时，74LS244 导通，将输入的开关数据连接到数据总线上。当 $\overline{\text{SW-BUS}}$ 为高电平时，74LS244 的输出为高阻。

数据输入暂存器 DR$_1$ 的 $\overline{\text{EDR}_1}$ 为低电平，并且 D1CK 有上升沿时，把来自数据总线的数据写入暂存器 DR$_1$。同样使 $\overline{\text{EDR}_2}$ 为低电平、D2CK 有上升沿时把，数据总线上的数据写入数据暂存器 DR$_2$。

算术逻辑运算单元的核心是由 2 片 74LS181 组成，它可以进行 2 个 8 位二进制数的算术逻辑运算，74LS181 的各种工作方式可通过设置其控制信号（S$_0$、S$_1$、S$_2$、S$_3$、M、CN）来实现。

输出缓冲器采用 74LS244，当控制信号 $\overline{\text{ALU-O}}$ 为低电平时，74LS244 导通，把 74LS181 的运算结果输出到数据总线；当 $\overline{\text{ALU-O}}$ 为高电平时，74LS244 的输出为高阻。

2）ALU 单元控制信号说明

组成 ALU 单元所需控制信号如表 3.1.1 所示。

表 3.1.1　ALU 单元控制信号

信号名称	作　用	说　明
$\overline{\text{EDR}_1}$	选择 DR$_1$ 寄存器	低电平有效
$\overline{\text{EDR}_2}$	选择 DR$_2$ 寄存器	低电平有效
D1CK	DR$_1$ 寄存器工作脉冲	上升沿有效
D2CK	DR$_2$ 寄存器工作脉冲	上升沿有效
S$_0$～S$_3$	74LS181 工作方式选择	控制 2 个 4 位输入数据的运算
M	选择逻辑或算术运算	高电平为逻辑运算，低电平为算术运算
CN	有无进位输入	高电平有效
$\overline{\text{ALU-O}}$	74LS181 计算结果输出至总线	低电平有效

3）ALU 单元工作步骤

首先拨动开关，将一个 8 位二进制数通过 74LS244 输入总线，然后将总线数据输入暂存器 DR$_1$；拨动开关，将另一个 8 位二进制数通过 74LS244 输入总线，然后将总线数据输入暂存器 DR$_2$。此时 74LS181 的数据输入端已有操作数据（数据已暂存在 DR$_1$ 和 DR$_2$ 中），拨动 74LS181 的控制信号（S$_0$、S$_1$、S$_2$、S$_3$、M、CN）实现 74LS181 的算术、逻辑运算。

把控制信号 $\overline{\text{ALU-O}}$ 设为低电平，使 74LS244 导通，将 74LS181 的运算结果输出到数据总线。

五、实验电路设计

1. 预习并了解组成 ALU 单元所有芯片的功能及其引脚功能；理解如图 3.1.1 所示的 ALU 单元实验的逻辑电路图。

2. ALU 单元部分实验电路图如图 3.1.2 所示；按照图 3.1.1 所示，完成图 3.1.2 所示的实验电路图中尚未完成的部分电路设计。

六、实验内容

在 Proteus 环境中完成图 3.1.2 中所有的电路连线,并调试、运行该电路,完成以下实验内容。

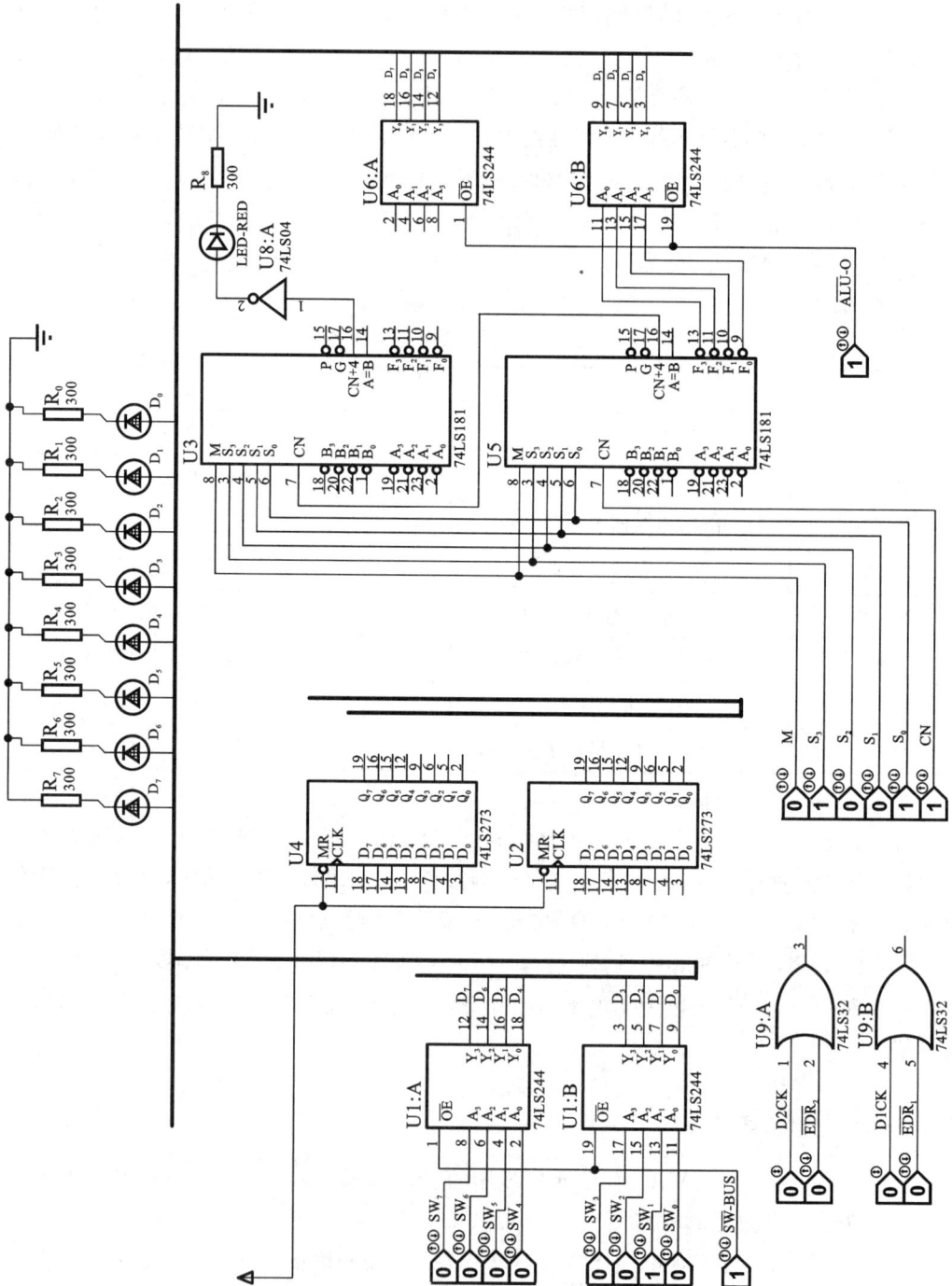

图 3.1.2　ALU 单元部分实验电路图

1. 不带进位逻辑或运算实验

（1）二进制开关 $SW_7 \sim SW_0$ 作为数据输入，置 33H，对应开关如表 3.1.2 所示。

表 3.1.2　8 位数据输入对应开关

SW_7	SW_6	SW_5	SW_4	SW_3	SW_2	SW_1	SW_0	数据总线值
D_7	D_6	D_5	D_4	D_3	D_2	D_1	D_0	8 位数据
0	0	1	1	0	0	1	1	33H

（2）置各控制信号如表 3.1.3 所示。

表 3.1.3　控制信号表

$\overline{SW\text{-}BUS}$	$\overline{EDR_1}$	$\overline{EDR_2}$	$\overline{ALU\text{-}O}$	CN	M	S_3	S_2	S_1	S_0
0	0	1	1	1	1	1	1	1	0

（3）在 D1CK 上产生一个上升沿，把 33H 导入 DR_1 数据暂存器。

（4）二进制开关 $SW_7 \sim SW_0$ 作为数据输入，置 55H，对应开关如表 3.1.4 所示。

表 3.1.4　8 位数据输入对应开关

SW_7	SW_6	SW_5	SW_4	SW_3	SW_2	SW_1	SW_0	数据总线值
D_7	D_6	D_5	D_4	D_3	D_2	D_1	D_0	8 位数据
0	1	0	1	0	1	0	1	55H

（5）置各控制信号如表 3.1.5 所示。

表 3.1.5　控制信号表

$\overline{SW\text{-}BUS}$	$\overline{EDR_1}$	$\overline{EDR_2}$	$\overline{ALU\text{-}O}$	CN	M	S_3	S_2	S_1	S_0
0	1	0	1	1	1	1	1	1	0

（6）在 D2CK 上产生一个上升沿的脉冲，把 55H 写入 DR_2 数据暂存器。

（7）74LS181 的计算，置各控制信号表 3.1.6 所示。

表 3.1.6　控制信号表

$\overline{SW\text{-}BUS}$	$\overline{EDR_1}$	$\overline{EDR_2}$	$\overline{ALU\text{-}O}$	CN	M	S_3	S_2	S_1	S_0
1	1	1	0	1	1	1	1	1	0

置 $\overline{ALU\text{-}O}=0$，把运算结果（F＝A 或 F＝B）输出到数据总线，数据总线上的 LED 显示灯 $IDB_0 \sim IDB_7$ 应该显示为 77H。

2. 不带进位加法运算实验

（1）二进制开关 $SW_7 \sim SW_0$ 作为数据输入，置 33H，对应开关如表 3.1.7 所示。

表 3.1.7　8 位数据输入对应开关

SW_7	SW_6	SW_5	SW_4	SW_3	SW_2	SW_1	SW_0	数据总线值
D_7	D_6	D_5	D_4	D_3	D_2	D_1	D_0	8 位数据
0	0	1	1	0	0	1	1	33H

（2）置各控制信号如表 3.1.8 所示。

表 3.1.8 控制信号表

$\overline{\text{SW-BUS}}$	$\overline{\text{EDR}_1}$	$\overline{\text{EDR}_2}$	$\overline{\text{ALU-O}}$	CN	M	S_3	S_2	S_1	S_0
0	0	1	1	1	0	1	0	0	1

（3）在 D1CK 上产生一个上升沿，把 33H 写入 DR_1 数据暂存器。

（4）二进制开关 $SW_7 \sim SW_0$ 作为数据输入，置 55H，对应开关如表 3.1.9 所示。

表 3.1.9 8 位数据输入对应开关

SW_7	SW_6	SW_5	SW_4	SW_3	SW_2	SW_1	SW_0	数据总线值
D_7	D_6	D_5	D_4	D_3	D_2	D_1	D_0	8 位数据
0	1	0	1	0	1	0	1	55H

（5）置各控制信号如表 3.1.10 所示。

表 3.1.10 控制信号表

$\overline{\text{SW-BUS}}$	$\overline{\text{EDR}_1}$	$\overline{\text{EDR}_2}$	$\overline{\text{ALU-O}}$	CN	M	S_3	S_2	S_1	S_0
0	1	0	1	1	0	1	0	0	1

（6）在 D2CK 上产生一个上升沿，把 55H 写入 DR_2 数据暂存器。

（7）74LS181 的计算，置各控制信号如 3.1.11 所示。

表 3.1.11 控制信号表

$\overline{\text{SW-BUS}}$	$\overline{\text{EDR}_1}$	$\overline{\text{EDR}_2}$	$\overline{\text{ALU-O}}$	CN	M	S_3	S_2	S_1	S_0
1	1	1	0	1	0	1	0	0	1

置 $\overline{\text{ALU-O}}=0$，把运算结果（F＝A 加 F＝B）输出到数据总线上，数据总线上的 LED 显示灯 $IDB_0 \sim IDB_7$ 应该显示为 88H。

七、思考题

验证 74LS181 的算术运算和逻辑运算，在保持 $DR_1=65H$ 和 $DR_2=A7H$ 时，改变运算器的功能设置，观察运算器的输出，填写表 3.1.12 来进行分析和比较。

表 3.1.12 运算结果

DR_1	DR_2	S_3	S_2	S_1	S_0	M=0（算术运算）		M=1（逻辑运算）
						CN=1	CN=0	
65	A7	0	0	0	0	F=	F=	F=
65	A7	0	0	0	1	F=	F=	F=
65	A7	0	0	1	0	F=	F=	F=
65	A7	0	0	1	1	F=	F=	F=
65	A7	0	1	0	0	F=	F=	F=

续表

DR₁	DR₂	S_3	S_2	S_1	S_0	M＝0（算术运算）		M＝1 逻辑运算
						CN＝1	CN＝0	
65	A7	0	1	0	1	F＝	F＝	F＝
65	A7	0	1	1	0	F＝	F＝	F＝
65	A7	0	1	1	1	F＝	F＝	F＝
65	A7	1	0	0	0	F＝	F＝	F＝
65	A7	1	0	0	1	F＝	F＝	F＝
65	A7	1	0	1	0	F＝	F＝	F＝
65	A7	1	0	1	1	F＝	F＝	F＝
65	A7	1	1	0	0	F＝	F＝	F＝
65	A7	1	1	0	1	F＝	F＝	F＝
65	A7	1	1	1	0	F＝	F＝	F＝
65	A7	1	1	1	1	F＝	F＝	F＝

实验二　总线与寄存器实验

　　总线是连接多个部件的信息传输线,是各部件共享的传输介质,总线上的数据分时共享。当多个部件与总线相连时,如果出现两个或两个以上部件同时向总线发送信息,势必导致信号冲突。因此,某一时刻只允许有一个部件向总线发送信息,而多个部件可以同时从总线上接收相同的信息。

　　寄存器是 CPU 内部的一个重要组成部分,是 CPU 内部的存储单元。寄存器既可以存储 CPU 处理过程中需要的数据、地址和计算结果,又可以存放控制信息或 CPU 工作的状态信息。寄存器可以与 CPU 的运算单元(如 ALU)相连,确保计算机的执行效率,在计算机的运行过程中起着至关重要的作用。

一、实验目的

　　1. 熟悉总线的结构、总线上数据传送的过程。

　　2. 掌握计算机中寄存器电路的设计。

　　3. 熟悉寄存器的组成和硬件电路。

　　4. 按给定数据完成指定的总线、寄存器的数据传送。

二、实验要求

　　1. 做好实验的预习,了解组成总线与寄存器单元各芯片引脚的功能,完成总线与寄存器单元组成电路的设计。

　　2. 完成总线与寄存器单元实验。按照实验步骤完成实验项目,了解总线与寄存器单元的运行过程。

　　3. 撰写实验报告,主要包括以下内容:

　　(1)实验目的;

　　(2)写出详细的实验步骤,记录实验数据;

　　(3)实验思考题的讨论。

三、实验环境

　　1. 装有 Windows 操作系统的微型计算机。

　　2. 装有 Proteus 软件。

四、实验说明

1. 总线与寄存器单元构成

$SW_0 \sim SW_7$ 作为开关数据输入,2 片 74LS244 控制开关数据是否连接到数据总线。

本单元内有 4 个寄存器 $R_0 \sim R_3$。寄存器组 $R_0 \sim R_3$ 由 4 片 74LS374 组成。

由 1 片 74LS139(2-4 译码器)来选择 4 片 74LS374 中的一个寄存器。

每个寄存器(74LS374)由 2 片 74LS32 组成控制电路,通过 CLK 和 $\overline{CE}$ 信号是否有效来选择目标寄存器进行数据写入。

2. 总线与寄存器单元实验逻辑电路图

总线与寄存器单元实验逻辑电路图如图 3.2.1 所示。

1)总线与寄存器单元的工作原理

一组数据线构成了数据总线。数据在数据总线上分时传输。总线上常用的数据隔离措施是采用三态输出。

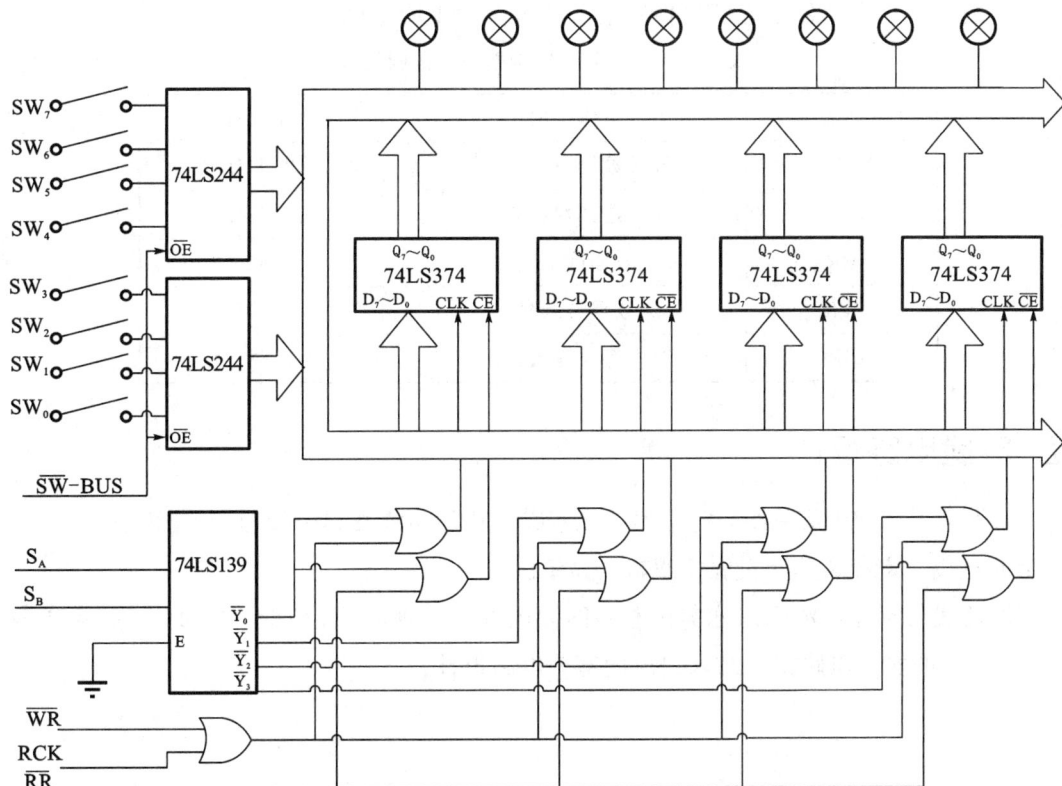

图 3.2.1　总线与寄存器单元实验逻辑电路图

$SW_0 \sim SW_7$ 作为开关数据输入,由 2 片 74LS244 控制开关数据是否连接到数据总线上。当 $\overline{SW}$-BUS 为低电平时,74LS244 允许开关输入数据连接到数据总线上。当 $\overline{SW}$-BUS 为高电平时,74LS244 输出高阻态。

本单元内有 4 个寄存器 $R_0 \sim R_3$。寄存器组 $R_0 \sim R_3$ 由 4 片 74LS374 组成,由 1 片 74LS139(2-4 译码器)来选择 4 个 74LS374 中的一个寄存器。由 S_A、S_B 两根控制线通过 74LS139 译码器,选择 4 个寄存器(74LS374)中的一个寄存器。若 $S_A S_B = 00$,则选择 R_0 寄存器;若 $S_A S_B = 01$,则选择 R_1 寄存器;若 $S_A S_B = 10$,则选择 R_2 寄存器;若 $S_A S_B = 11$,则选择 R_3 寄存器。

每个寄存器由 2 片 74LS32 来组成控制电路,通过 CLK 和 $\overline{CE}$ 信号是否有效来选择目标寄存器进行数据写入。本单元内使用了 $\overline{WR} = 0$ 作为数据写入允许,$\overline{RR} = 0$ 作为数据输出允许,RCK 为寄存器的工作脉冲。当 $\overline{WR} = 0$,RCK 信号为上升沿时,表示数据总线向寄存器写入数据,即在 RCK 信号有上升沿时把总线上的数据写入 74LS139 选择的那个寄存器。当 $\overline{RR} = 0$ 时,将 74LS139 所选择的寄存器上的数据输出至数据总线。

2)总线与寄存器单元控制信号说明

组成总线与寄存器单元所需控制信号如表 3.2.1 所示。

表 3.2.1　总线与寄存器单元控制信号

信号名称	作　用	说　明
$\overline{SW}$-BUS	开关数据送总线允许	低电平有效
S_A、S_B	选择寄存器	低电平有效
$\overline{RR}$	数据读出允许	低电平有效
$\overline{WR}$	数据写入允许	低电平有效
RCK	寄存器写入脉冲	上升沿有效

五、实验电路设计

1. 预习并了解组成总线与寄存器单元所有芯片的功能及其引脚功能;理解如图 3.2.1 所示的总线与寄存器单元实验的逻辑电路图。

2. 总线与寄存器单元部分实验电路图如图 3.2.2 所示;按照图 3.2.1 所示,完成图 3.2.2 所示的实验电路图中尚未完成的部分电路设计。

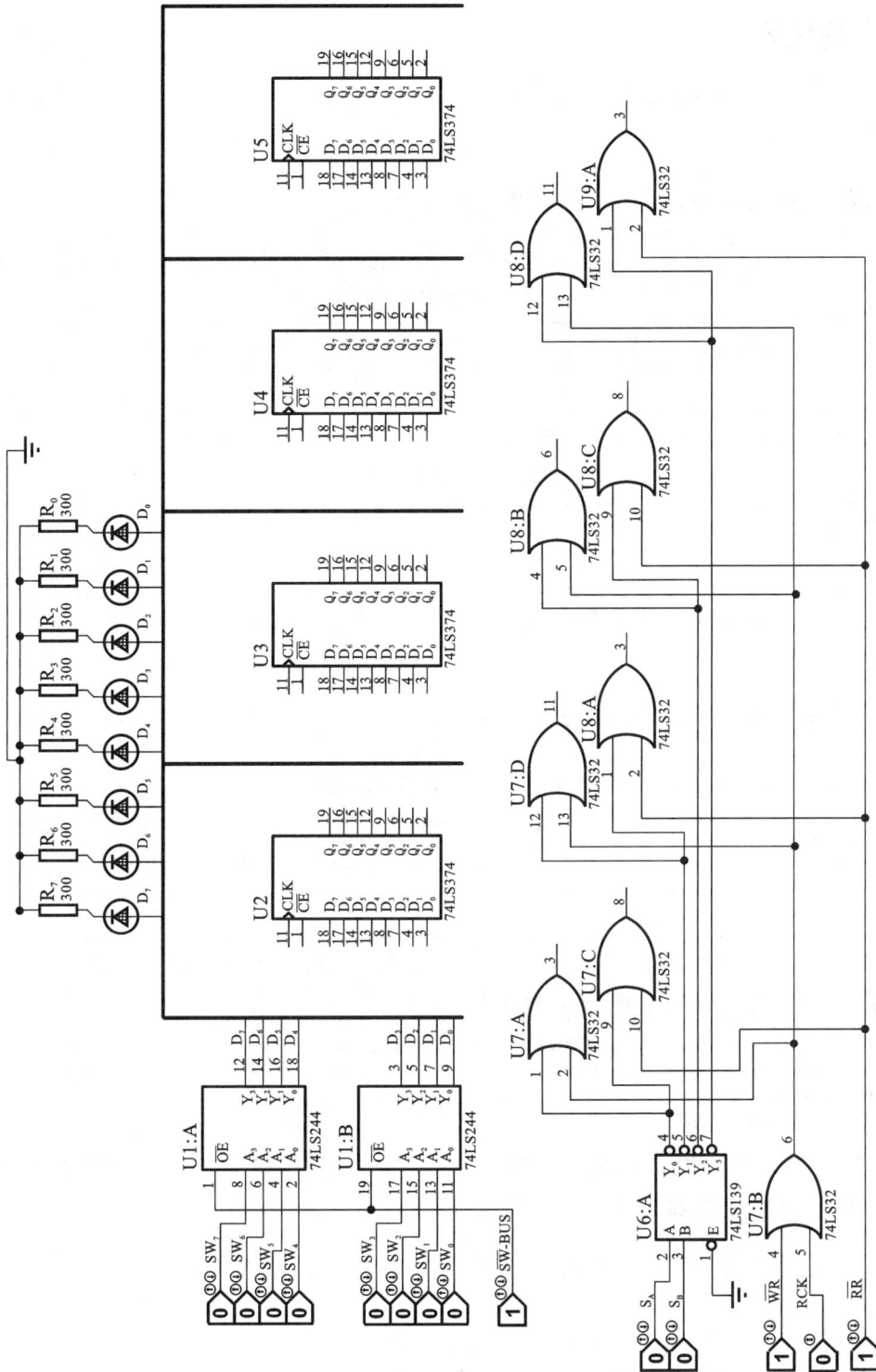

图 3.2.2　总线与寄存器单元部分实验电路图

六、实验内容

在 Proteus 环境中完成图 3.2.2 中所有的电路连线,调试并运行该电路,完成以下实验内容。

1. 将数据写入寄存器 R_0 的步骤

(1)二进制开关 $SW_0 \sim SW_7$ 作为数据($D_0 \sim D_7$)输入,置 05H,对应开关如表 3.2.2 所示。

表 3.2.2　8 位数据输入对应开关

SW_7	SW_6	SW_5	SW_4	SW_3	SW_2	SW_1	SW_0
0	0	0	0	0	1	0	1

(2)其他控制信号如表 3.2.3 所示。

表 3.2.3　控制信号表

$\overline{SW\text{-}BUS}$	S_A	S_B	$\overline{WR}$	$\overline{RR}$
0	0	0	0	1

(3)所有开关及控制信号设置好后,在 RCK 上产生一个上升沿的脉冲,把 05H 写入 R_0 寄存器。

2. 将写入寄存器 R_0 的数据读出的步骤

(1)数据输入开关不动,其他控制信号如表 3.2.4 所示。

表 3.2.4　控制信号表

$\overline{SW\text{-}BUS}$	S_A	S_B	$\overline{WR}$	$\overline{RR}$
1	0	0	1	0

(2)记录显示数据到表 3.2.5 中。可以使用 LED 显示,也可以观察仿真软件中芯片引脚电平信号(红色为 1,蓝色为 0,灰色为三态)。

表 3.2.5　LED 数据表

LED_7	LED_6	LED_5	LED_4	LED_3	LED_2	LED_1	LED_0

3. 将数据写入寄存器 R_1 的步骤

(1)二进制开关 $SW_0 \sim SW_7$ 作为数据($D_0 \sim D_7$)输入,置 A0H,对应开关如表 3.2.6 所示。

表 3.2.6　8 位数据输入对应开关

SW_7	SW_6	SW_5	SW_4	SW_3	SW_2	SW_1	SW_0

（2）其他控制信号如表 3.2.7 所示。

表 3.2.7　控制信号表

$\overline{SW}$-BUS	S_A	S_B	$\overline{WR}$	$\overline{RR}$

4. 将写入寄存器 R_1 的数据读出的步骤

所有开关及控制信号设置好后，点击运行按钮，置实验电路为运行状态，在 RCK 上产生一个上升沿的脉冲，把 A0H 写入 R_1 寄存器。

（1）数据输入开关不动，其他控制信号如表 3.2.8 所示。

表 3.2.8　控制信号表

$\overline{SW}$-BUS	S_A	S_B	$\overline{WR}$	$\overline{RR}$

（2）记录显示数据到表 3.2.9。可以使用 LED 显示，也可以观察仿真软件中芯片引脚电平信号（红色为 1，蓝色为 0，灰色为三态）。

表 3.2.9　LED 数据表

LED_7	LED_6	LED_5	LED_4	LED_3	LED_2	LED_1	LED_0

5. 数据处理

依据上述操作，分别将数据 B0H、C0H 写入寄存器 R_2、R_3，并分别从 R_2、R_3 中读出数据。

七、思考题

1. 74LS374 的 CLK 信号在电路中有什么作用？

2. 74LS374 的 $\overline{CE}$ 信号在电路中有什么作用？

3. 此电路中，如何操作控制信号才能避免总线数据冲突？

实验三　存储器实验

存储器是计算机系统中的核心部件之一,用于存储程序代码、数据、中间结果和最终结果。主存储器,也称为内存储器(简称内存),是计算机中主要的工作存储器,当前 CPU 运行的程序与数据存放在内存中。

辅助存储器也称为外存储器(简称外存),计算机执行程序和加工处理数据时,外存中的信息按信息块或信息组先送入内存后才能使用,即计算机通过内存与外存不断交换数据的方式使用外存中的信息。

了解存储器的工作原理和特性对掌握计算机组成原理至关重要。通过存储器实验,学生可以亲身体验存储器的操作过程,加深对理论知识的理解。

一、实验目的

1. 熟悉存储器芯片的引脚信号、存储单元地址与存储数据的关系。

2. 掌握静态随机存储器 RAM 的工作特性。

3. 掌握静态随机存储器 RAM 的读写方法。

4. 按给定数据,完成指定的存储器芯片的读写操作。

二、实验要求

1. 做好实验前的预习,了解组成存储器单元各芯片引脚的功能,完成存储器单元组成电路的设计。

2. 完成指定的存储器芯片的读写操作实验。按照实验步骤完成实验项目,了解存储器单元的读写操作过程。

3. 撰写实验报告,主要包括以下内容:

(1)实验目的;

(2)写出详细的实验步骤,记录实验数据;

(3)实验思考题的讨论。

三、实验环境

1. 装有 Windows 操作系统的微型计算机。

2. 装有 Proteus 软件。

四、实验说明

1. 存储器单元实验构成

(1)存储器采用静态随机存储器,由 1 片 6116(2K×8)存储器构成。

(2)地址寄存器由 1 片 74LS273 构成,并提供地址给地址总线及 LED 显示。

(3)存储器的控制电路由 1 片 74LS32 和 74LS04 组成。

2. 存储器单元实验逻辑电路图

存储器单元实验的逻辑电路图如图 3.3.1 所示。

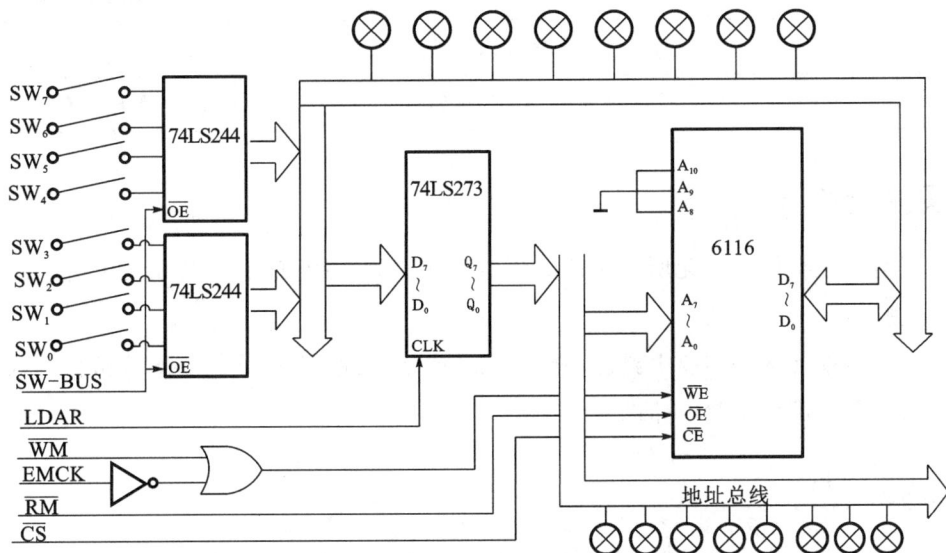

图 3.3.1　存储器单元实验逻辑电路图

1)存储器单元的工作原理

存储器采用静态随机存储器,由 1 片 6116(2K×8)存储器构成。

本单元使用 8 根地址线 $A_7 \sim A_0$,所以要将 6116 存储器的 $A_8 \sim A_{10}$ 接地。由于实际使用 8 根地址线 $A_7 \sim A_0$,所以存储容量为 256 个字节。6116 存储器的地址线接在地址总线上,有 8 个显示灯显示。LDAR 是脉冲信号,上升沿有效,将总线上的地址数据导入地址寄存器(74LS273)。

本单元使用 8 根数据线 $D_7 \sim D_0$。6116 存储器的 8 根数据线接在数据总线上,有 8 个显示灯显示。

存储器有 3 个控制信号:$\overline{CS}$、$\overline{RM}$、$\overline{WM}$。

EMCK 是脉冲信号,用于控制写操作。

当 $\overline{CS}=0$ 时,选中此 6116 存储器芯片有效。

当 $\overline{CS}=0$,且 $\overline{RM}=0$ 时,把存储器中的数据读出到数据总线上。

当 $\overline{CS}=0$,$\overline{WM}=0$,且 EMCK 有一个上升沿时,把数据总线上的数据写入存储器。

2)存储器单元控制信号说明

组成存储器单元所需控制信号如表 3.3.1 所示。

表 3.3.1　存储器单元控制信号

信号名称	作　用	说　明
LDAR	地址寄存器的地址输入信号	上升沿有效
$\overline{RM}$	6116 存储器的读允许信号	低电平有效
$\overline{WM}$	6116 存储器的写允许信号	低电平有效
EMCK	6116 存储器的写入脉冲信号	上升沿有效
$\overline{CS}$	6116 存储器的片选信号	低电平有效

五、实验电路设计

1. 了解组成存储器单元所有芯片的功能及其引脚功能;理解如图 3.3.1 所示的存储器单元实验的逻辑电路图。

2. 存储器单元部分实验电路图如图 3.3.2 所示;按照图 3.3.1 所示,完成图 3.3.2 所示的存储器单元部分实验电路图。

六、实验内容

在 Proteus 环境中完成图 3.3.2 中所有的电路连线,调试并运行该电路,完成以下实验内容。

1. 存储器的写数据操作

(1)二进制开关 $SW_7 \sim SW_0$ 作为地址($A_7 \sim A_0$)输入,置 55H,对应开关如表 3.3.2 所示。

表 3.3.2　8 位地址输入对应开关

SW_7	SW_6	SW_5	SW_4	SW_3	SW_2	SW_1	SW_0	数据总线值
A_7	A_6	A_5	A_4	A_3	A_2	A_1	A_0	8 位地址
0	1	0	1	0	1	0	1	55H

(2)地址存入地址寄存器(74LS273),各控制信号如表 3.3.3 所示。

表 3.3.3　控制信号表

$\overline{SW\text{-}BUS}$	$\overline{CS}$	$\overline{RM}$	$\overline{WM}$
0	1	1	1

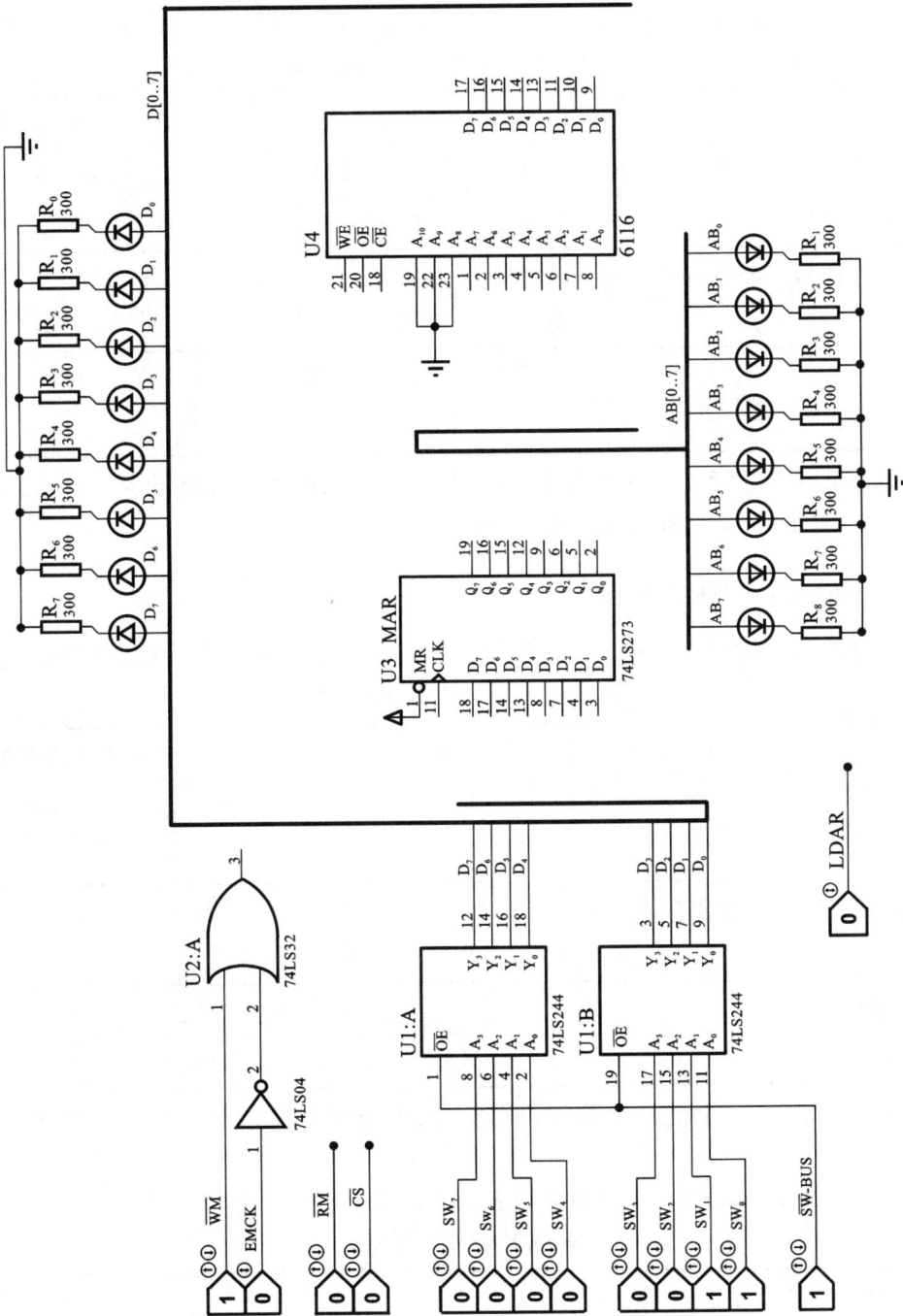

图 3.3.2　存储器单元部分实验电路图

（3）给 LDAR 一个上升沿信号，将地址存入地址寄存器（74LS273），地址显示灯显示 55H。

（4）二进制开关 $SW_7 \sim SW_0$ 作为数据（$D_0 \sim D_7$）输入，置 66H，对应开关如表 3.3.4 所示。

表 3.3.4　8 位数据输入对应开关

SW_7	SW_6	SW_5	SW_4	SW_3	SW_2	SW_1	SW_0	数据总线值
D_7	D_6	D_5	D_4	D_3	D_2	D_1	D_0	8 位数据
0	1	1	0	0	1	1	0	66H

（5）存储器写操作，置各控制信号如表 3.3.5 所示。

表 3.3.5　控制信号表

$\overline{SW}$-BUS	$\overline{CS}$	$\overline{RM}$	$\overline{WM}$
0	0	1	0

（6）在 EMCK 上产生一个上升沿，将数据 66H 写入地址为 55H 的存储单元。此时，数据显示灯显示 66H，地址显示灯显示 55H。

2. 存储器的读数据操作实验

（1）二进制开关 $SW_7 \sim SW_0$ 作为地址（$A_7 \sim A_0$）输入，置 55H，对应开关如表 3.3.6 所示。

表 3.3.6　8 位地址输入对应开关

SW_7	SW_6	SW_5	SW_4	SW_3	SW_2	SW_1	SW_0	数据总线值
A_7	A_6	A_5	A_4	A_3	A_2	A_1	A_0	8 位地址
0	1	0	1	0	1	0	1	55H

（2）地址存入地址寄存器（74LS273），各控制信号如表 3.3.7 所示。

表 3.3.7　控制信号表

$\overline{SW}$-BUS	$\overline{CS}$	$\overline{RM}$	$\overline{WM}$
0	1	1	1

（3）给 LDAR 一个上升沿信号，地址存入地址寄存器（74LS273），地址显示灯显示 55H。

（4）存储器读操作，置各控制信号如表 3.3.8 所示。

表 3.3.8　控制信号表

$\overline{SW}$-BUS	$\overline{CS}$	$\overline{RM}$	$\overline{WM}$
1	0	0	1

（5）将存储器 55H 单元中的内容输出至数据总线，应该为写数据操作中写入的数据 66H。此时数据总线上的指示灯显示结果 66H，地址显示灯显示 55H。

七、实验思考

1. 在 00H～0FH 的存储空间分别存入数据 00H～0FH,并分别读出。

2. 该存储单元的总线是分时传输地址和数据的。静态随机存储器 6116 的地址是如何从总线获得的?

3. 如何操作以避免开关数据的写入与存储器数据的读出在总线上产生的竞争?

实验四　数据通路实验

数据通路将中央处理器(CPU)中的运算单元、存储器及寄存器进行整合,实现指令执行过程中数据的有序流动与处理,构建起支持计算机系统内部各功能模块之间的数据交互与传输通道。

一、实验目的

1. 进一步熟悉计算机的数据通路。

2. 将运算器、存储器、寄存器电路连接,构建新的数据通路。

3. 以手拨开关的形式,模拟机器指令的运行。

二、实验要求

1. 做好实验预习,完成数据通路单元组成电路设计。

2. 掌握实验电路的数据通路特点和寄存器、运算器、存储器的功能特性,按照实验步骤完成实验项目,熟悉数据通路的读、写操作。

3. 撰写实验报告,主要包括以下内容:

(1)实验目的;

(2)写出详细的实验步骤,记录实验数据;

(3)实验思考题的讨论。

三、实验环境

1. 装有 Windows 操作系统的微型计算机。

2. 装有 Proteus 软件。

四、实验说明

1. 数据通路单元实验构成

本实验的模块是将运算器、存储器、寄存器单元电路连接,构建新的数据通路。运算器、存储器、寄存器单元电路,在以前的实验中已做介绍,请参阅前面相关章节。

2. 数据通路单元实验逻辑电路图

数据通路单元实验的逻辑电路图如图 3.4.1 所示。

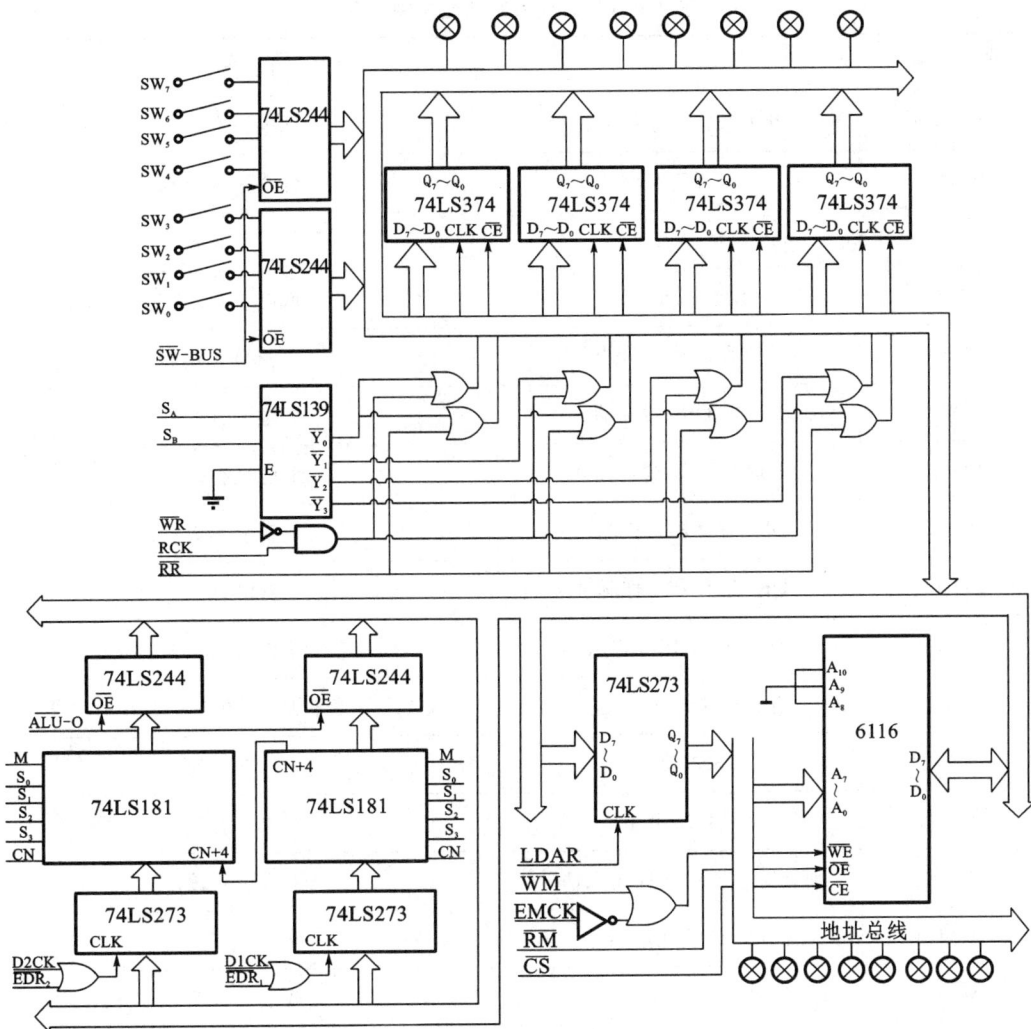

图 3.4.1　数据通路单元实验逻辑电路图

1）数据通路单元的工作原理

数据通路实验电路逻辑图是将运算器单元存储器单元和寄存器单元连接在一起构成的。

运算器的输出,是通过 2 片三态缓冲器(74LS244)连接到 DBUS 的。由于存储器是三态输出,因而可以直接连接到 DBUS 上。此外,DBUS 还连接着 4 个寄存器组,这样写入存储器的数据可由寄存器、运算器提供,从 RAM 中读出的数据也可以放到寄存器中保存。存储器的地址由地址寄存器 74LS273 保存,并通过地址总线提供给存储器芯片 6116。

2）数据通路单元的控制信号说明

组成数据通路单元所需控制信号如表 3.4.1 所示。

表 3.4.1　数据通路单元控制信号

信号名称	作　用	说　明
$\overline{\text{SW-BUS}}$	开关数据送总线允许	低电平有效
S_A、S_B	选择寄存器	低电平有效
$\overline{RR}$	数据读出允许	低电平有效
$\overline{WR}$	数据写入允许	低电平有效
RCK	寄存器写入脉冲	上升沿有效
$\overline{EDR_1}$	选择 DR_1 暂存器	低电平有效
$\overline{EDR_2}$	选择 DR_2 暂存器	低电平有效
D1CK	DR_1 寄存器工作脉冲	上升沿有效
D2CK	DR_2 寄存器工作脉冲	上升沿有效
$S_0 \sim S_3$	74LS181 工作方式选择	控制 2 个 4 位输入数据的运算
M	选择逻辑或算术运算	高电平为逻辑运算,低电平为算术运算
CN	有无进位输入	高电平有效
$\overline{ALU-O}$	74LS181 计算结果输出至总线	低电平有效
LDAR	地址寄存器的地址输入信号	上升沿有效
$\overline{RM}$	6116 的读允许信号	低电平有效
$\overline{WM}$	6116 的写允许信号	低电平有效
EMCK	6116 的写入脉冲信号	上升沿有效
$\overline{CS}$	6116 的片选信号	低电平有效

五、实验电路设计

理解实验逻辑电路图,按照实验逻辑电路图 3.4.1 所示,将运算器、存储器、寄存器电路连接,构造数据通路单元部分实验电路如图 3.4.2 所示。

六、实验内容

在 Proteus 环境中完成图 3.4.2 中所有的电路连线,调试并运行该电路,完成以下实验内容。

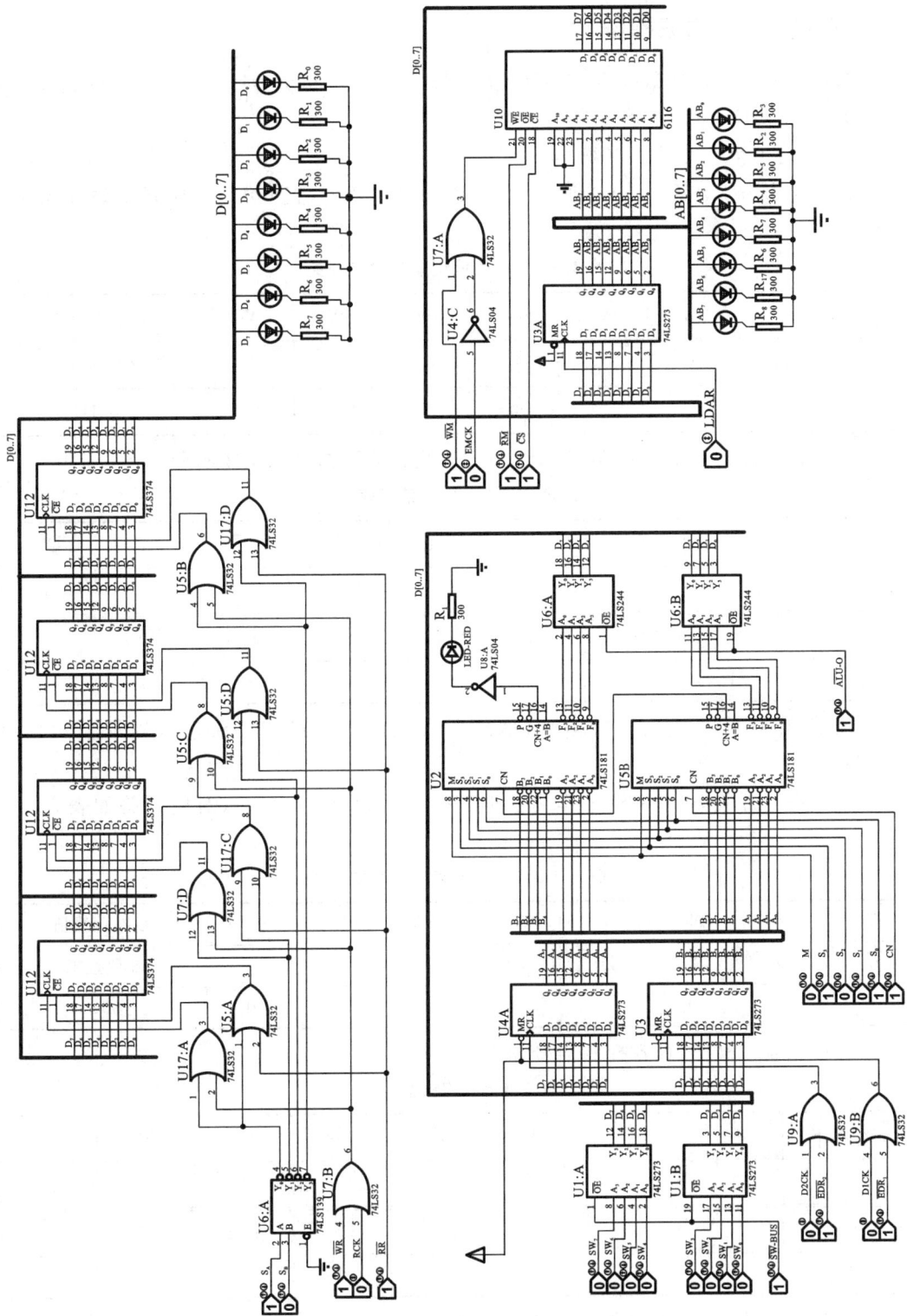

图 3.4.2　数据通路单元部分实验电路图

1. 存储器的写数据操作

向内存写入如下数据：0♯单元写数 00H，1♯单元写数 01H，2♯单元写数 02H，3♯单元写数 03H。

1）向内存 0♯单元写数 00H

（1）二进制开关 $SW_7 \sim SW_0$ 作为地址（$A_7 \sim A_0$）输入，置 00H，对应开关如表 3.4.2 所示。

表 3.4.2 8 位地址输入对应开关

SW_7	SW_6	SW_5	SW_4	SW_3	SW_2	SW_1	SW_0	数据总线值
A_7	A_6	A_5	A_4	A_3	A_2	A_1	A_0	8 位地址
0	0	0	0	0	0	0	0	00H

（2）将地址存入地址寄存器（74LS273），各控制信号如表 3.4.3 所示。

表 3.4.3 控制信号表

$\overline{SW\text{-}BUS}$	S_B	S_A	$\overline{RR}$	$\overline{WR}$	$\overline{EDR_1}$	$\overline{EDR_2}$	M	CN
0	1	1	1	1	1	1	1	1
S_3	S_2	S_1	S_0	$\overline{ALU\text{-}O}$	$\overline{CS}$	$\overline{RM}$	$\overline{WM}$	
1	1	1	1	1	1	1	1	

（3）给 LDAR 一个上升沿信号，地址存入地址寄存器（74LS273），地址显示灯显示 00H。

（4）二进制开关 $SW_7 \sim SW_0$ 作为数据（$D_7 \sim D_0$）输入，置 00H，对应开关如表 3.4.4 所示。

表 3.4.4 8 位数据输入对应开关

SW_7	SW_6	SW_5	SW_4	SW_3	SW_2	SW_1	SW_0	数据总线值
D_7	D_6	D_5	D_4	D_3	D_2	D_1	D_0	8 位数据
0	0	0	0	0	0	0	0	00H

（5）存储器写操作，置各控制信号如表 3.4.5 所示。

表 3.4.5 控制信号表

$\overline{SW\text{-}BUS}$	S_B	S_A	$\overline{RR}$	$\overline{WR}$	$\overline{EDR_1}$	$\overline{EDR_2}$	M	CN
0	1	1	1	1	1	1	1	1
S_3	S_2	S_1	S_0	$\overline{ALU\text{-}O}$	$\overline{CS}$	$\overline{RM}$	$\overline{WM}$	
1	1	1	1	1	0	1	0	

（6）在 EMCK 上产生一个上升沿，将数据 00H 写入地址为 00H 的存储单元。数据显示灯显示 00H，地址显示灯显示 00H。

2）向内存1♯单元写数01H

（1）二进制开关 SW₇～SW₀ 作为地址（A₇～A₀）输入，置00H，对应开关如表3.4.6 所示。

表 3.4.6　8位地址输入对应开关

SW$_7$	SW$_6$	SW$_5$	SW$_4$	SW$_3$	SW$_2$	SW$_1$	SW$_0$	数据总线值
A$_7$	A$_6$	A$_5$	A$_4$	A$_3$	A$_2$	A$_1$	A$_0$	8位地址
0	0	0	0	0	0	0	1	01H

（2）将地址存入地址寄存器（74LS273），各控制信号如表3.4.7 所示。

表 3.4.7　控制信号表

$\overline{SW}$-BUS	S$_B$	S$_A$	$\overline{RR}$	$\overline{WR}$	$\overline{EDR_1}$	$\overline{EDR_2}$	M	CN
0	1	1	1	1	1	1	1	1
S$_3$	S$_2$	S$_1$	S$_0$	$\overline{ALU\text{-}O}$	$\overline{CS}$	$\overline{RM}$	$\overline{WM}$	
1	1	1	1	1	1	1	1	

（3）给 LDAR 一个上升沿信号，地址存入地址寄存器（74LS273），地址显示灯显示 01H。

（4）二进制开关 SW₇～SW₀ 作为数据（D₀～D₇）输入，置01H，对应开关如表3.4.8 所示。

表 3.4.8　8位数据输入对应开关

SW$_7$	SW$_6$	SW$_5$	SW$_4$	SW$_3$	SW$_2$	SW$_1$	SW$_0$	数据总线值
D$_7$	D$_6$	D$_5$	D$_4$	D$_3$	D$_2$	D$_1$	D$_0$	8位数据
0	0	0	0	0	0	0	1	01H

（5）存储器写操作，置各控制信号如表3.4.9 所示。

表 3.4.9　控制信号表

$\overline{SW}$-BUS	S$_B$	S$_A$	$\overline{RR}$	$\overline{WR}$	$\overline{EDR_1}$	$\overline{EDR_2}$	M	CN
0	1	1	1	1	1	1	1	1
S$_3$	S$_2$	S$_1$	S$_0$	$\overline{ALU\text{-}O}$	$\overline{CS}$	$\overline{RM}$	$\overline{WM}$	
1	1	1	1	1	0	1	0	

（6）在 EMCK 上产生一个上升沿，将数据 01H 写入地址为 01H 的存储单元。数据显示灯显示01H，地址显示灯显示 01H。

依此类推，向内存2♯单元写数02H，向内存3♯单元写数03H，其实验内容与前面两个写数据类似，请读者自己完成表格。

2. 存储器的读数据操作

分别从内存 0♯、1♯、2♯、3♯单元读数，验证上述写操作的正确性。

1)从内存 0♯ 单元读数

(1)二进制开关 $SW_7 \sim SW_0$ 作为地址($A_7 \sim A_0$)输入,置 00H,对应开关如表 3.4.10 所示。

表 3.4.10　8 位地址输入对应开关

SW_7	SW_6	SW_5	SW_4	SW_3	SW_2	SW_1	SW_0	数据总线值
A_7	A_6	A_5	A_4	A_3	A_2	A_1	A_0	8 位地址
0	0	0	0	0	0	0	0	00H

(2)将地址存入地址寄存器(74LS273),各控制信号如表 3.4.11 所示。

表 3.4.11　控制信号表

$\overline{SW\text{-}BUS}$	S_B	S_A	$\overline{RR}$	$\overline{WR}$	$\overline{EDR_1}$	$\overline{EDR_2}$	M	CN
0	1	1	1	1	1	1	1	1
S_3	S_2	S_1	S_0	$\overline{ALU\text{-}O}$	$\overline{CS}$	$\overline{RM}$	$\overline{WM}$	
1	1	1	1	1	1	1	1	

(3)给 LDAR 一个上升沿信号,地址存入地址寄存器(74LS273),地址显示灯显示 00H。

(4)存储器读操作,置各控制信号如表 3.4.12 所示。

表 3.4.12　控制信号表

$\overline{SW\text{-}BUS}$	S_B	S_A	$\overline{RR}$	$\overline{WR}$	$\overline{EDR_1}$	$\overline{EDR_2}$	M	CN
1	1	1	1	1	1	1	1	1
S_3	S_2	S_1	S_0	$\overline{ALU\text{-}O}$	$\overline{CS}$	$\overline{RM}$	$\overline{WM}$	
1	1	1	1	1	0	0	1	

(5)将存储器 00H 单元中的内容输出数据总线,应该是存储器写数据操作中写入的数据 00H。此时数据总线上的指示灯显示 00H,地址显示灯显示 00H。

2)从内存 1♯ 单元读数

(1)二进制开关 $SW_7 \sim SW_0$ 作为地址($A_7 \sim A_0$)输入,置 01H,对应开关如表 3.4.13 所示。

表 3.4.13　8 位地址输入对应开关

SW_7	SW_6	SW_5	SW_4	SW_3	SW_2	SW_1	SW_0	数据总线值
A_7	A_6	A_5	A_4	A_3	A_2	A_1	A_0	8 位地址
0	0	0	0	0	0	0	1	01H

(2)地址存入地址寄存器(74LS273),各控制信号如表 3.4.9 所示。

表 3.4.14　控制信号表

$\overline{SW\text{-}BUS}$	S_B	S_A	$\overline{RR}$	$\overline{WR}$	$\overline{EDR_1}$	$\overline{EDR_2}$	M	CN
0	1	1	1	1	1	1	1	1
S_3	S_2	S_1	S_0	$\overline{ALU\text{-}O}$	$\overline{CS}$	$\overline{RM}$	$\overline{WM}$	
1	1	1	1	1	1	1	1	

（3）给 LDAR 一个上升沿信号，地址存入地址寄存器（74LS273），地址显示灯显示 01H。

（4）存储器读操作，置各控制信号如表 3.4.15 所示。

表 3.4.15　控制信号表

$\overline{SW-BUS}$	S_B	S_A	$\overline{RR}$	$\overline{WR}$	$\overline{EDR_1}$	$\overline{EDR_2}$	M	CN
1	1	1	1	1	1	1	1	1
S_3	S_2	S_1	S_0	$\overline{ALU-O}$	$\overline{CS}$	$\overline{RM}$	$\overline{WM}$	
1	1	1	1	1	0	0	1	

（5）将存储器 00H 单元中的内容输出数据总线，应该是存储器写数据操作中写入的数据 01H。此时数据总线上的指示灯显示 01H，地址显示灯显示 01H。

依此类推，从内存 2# 单元、3# 单元读数，其实验内容与前面两个读数据类似，请读者自己完成表格。

3. 模拟执行程序过程

手拨开关，模拟执行一段程序，了解指令在机器内部执行的数据处理流程和相应的控制信号的作用。

1）执行的程序如下：

MOV　R0,05H;　　//将立即数 05H，送 R0 寄存器

MOV　R1,[02H];　//将地址为 02H 所存储的数据存入寄存器 R1

ADD　R0,R1;　　　//将寄存器 R0 的内容与寄存器 R1 的内容相加，计算结果保存
　　　　　　　　　在寄存器 R0

OUT　R0;　　　　//将寄存器 R0 的内容送显示灯显示

2）模拟执行指令：MOV　R0,05H;

（1）二进制开关 $SW_0 \sim SW_7$ 作为数据（$D_0 \sim D_7$）输入，置 05H，对应开关见表 3.4.16。

表 3.4.16　8 位数据输入对应开关

SW_7	SW_6	SW_5	SW_4	SW_3	SW_2	SW_1	SW_0	数据总线值
D_7	D_6	D_5	D_4	D_3	D_2	D_1	D_0	8 位数据
0	0	0	0	0	1	0	1	05H

（2）其他有效控制信号如表 3.4.17 所示。

表 3.4.17　控制信号表

$\overline{SW-BUS}$	S_B	S_A	$\overline{RR}$	$\overline{WR}$	$\overline{EDR_1}$	$\overline{EDR_2}$	M	CN
0	0	0	1	0	1	1	1	1
S_3	S_2	S_1	S_0	$\overline{ALU-O}$	$\overline{CS}$	$\overline{RM}$	$\overline{WM}$	
1	1	1	1	1	1	1	1	

(3)开关及控制信号设置好后,在 RCK 上产生一个上升沿的脉冲,把 05H 存入 R0 寄存器。

3)模拟执行指令:MOV　R1,[02H];

(1)二进制开关 SW$_7$~SW$_0$ 作为地址(A$_7$~A$_0$)输入,置 02H,对应开关如表 3.4.18 所示。

表 3.4.18　8 位地址输入对应开关

SW$_7$	SW$_6$	SW$_5$	SW$_4$	SW$_3$	SW$_2$	SW$_1$	SW$_0$	数据总线值
A$_7$	A$_6$	A$_5$	A$_4$	A$_3$	A$_2$	A$_1$	A$_0$	8 位地址
0	0	0	0	0	0	1	0	02H

(2)将地址存入地址寄存器(74LS273),各控制信号如表 3.4.19 所示。

表 3.4.19　控制信号表

$\overline{\text{SW-BUS}}$	S$_B$	S$_A$	$\overline{\text{RR}}$	$\overline{\text{WR}}$	$\overline{\text{EDR}_1}$	$\overline{\text{EDR}_2}$	M	CN
0	1	1	1	1	1	1	1	1
S$_3$	S$_2$	S$_1$	S$_0$	$\overline{\text{ALU-O}}$	$\overline{\text{CS}}$	$\overline{\text{RM}}$	$\overline{\text{WM}}$	
1	1	1	1	1	1	1	1	

(3)给 LDAR 一个上升沿信号,地址存入地址寄存器(74LS273),地址显示灯显示 02H。

(4)存储器读操作,置各控制信号如表 3.4.20 所示。

表 3.4.20　存储器读控制信号表

$\overline{\text{SW-BUS}}$	S$_B$	S$_A$	$\overline{\text{RR}}$	$\overline{\text{WR}}$	$\overline{\text{EDR}_1}$	$\overline{\text{EDR}_2}$	M	CN
1	1	1	1	1	1	1	1	1
S$_3$	S$_2$	S$_1$	S$_0$	$\overline{\text{ALU-O}}$	$\overline{\text{CS}}$	$\overline{\text{RM}}$	$\overline{\text{WM}}$	
1	1	1	1	1	0	0	1	

(5)将存储器 02H 单元中的内容输出数据总线,应该为存储器写数据操作中写入的数据 02H。此时数据总线上的指示灯显示 02H,地址显示灯显示 02H。

(6)将存储器读出的数据存入寄存器 R$_1$,控制信号如表 3.4.21 所示。

表 3.4.21　数据存入控制信号表

$\overline{\text{SW-BUS}}$	S$_B$	S$_A$	$\overline{\text{RR}}$	$\overline{\text{WR}}$	$\overline{\text{EDR}_1}$	$\overline{\text{EDR}_2}$	M	CN
1	0	1	1	0	1	1	1	1
S$_3$	S$_2$	S$_1$	S$_0$	$\overline{\text{ALU-O}}$	$\overline{\text{CS}}$	$\overline{\text{RM}}$	$\overline{\text{WM}}$	
1	1	1	1	1	0	0	1	

(7)在 RCK 上产生一个上升沿的脉冲,把存储器读出的数据存入 R1 寄存器。

4)模拟执行指令:ADD　R0,R1;

(1)寄存器 R0 数据读出送 DR$_1$ 数据暂存器,控制信号如表 3.4.22 所示。

表 3.4.22　数据送暂存器控制信号表

$\overline{\text{SW}}$-BUS	S_B	S_A	$\overline{\text{RR}}$	$\overline{\text{WR}}$	$\overline{\text{EDR}_1}$	$\overline{\text{EDR}_2}$	M	CN
1	0	0	0	1	0	1	1	1
S_3	S_2	S_1	S_0	$\overline{\text{ALU-O}}$	$\overline{\text{CS}}$	$\overline{\text{RM}}$	$\overline{\text{WM}}$	
1	1	1	1	1	1	1	1	

（2）在 D1CK 上产生一个上升沿，把 R0 数据导入 DR$_1$ 数据暂存器。

（3）寄存器 R1 数据读出送 DR$_2$ 数据暂存器，控制信号如表 3.4.23 所示。

表 3.4.23　数据送锁存器控制信号表

$\overline{\text{SW}}$-BUS	S_B	S_A	$\overline{\text{RR}}$	$\overline{\text{WR}}$	$\overline{\text{EDR}_1}$	$\overline{\text{EDR}_2}$	M	CN
1	0	1	0	1	1	0	1	1
S_3	S_2	S_1	S_0	$\overline{\text{ALU-O}}$	$\overline{\text{CS}}$	$\overline{\text{RM}}$	$\overline{\text{WM}}$	
1	1	1	1	1	1	1	1	

（4）在 D2CK 上产生一个上升沿，把 R1 数据存入 DR$_2$ 数据暂存器。

（5）在 ALU 中做加法运算，控制信号如表 3.4.24 所示。

表 3.4.24　加法运算控制信号表

$\overline{\text{SW}}$-BUS	S_B	S_A	$\overline{\text{RR}}$	$\overline{\text{WR}}$	$\overline{\text{EDR}_1}$	$\overline{\text{EDR}_2}$	M	CN
1	1	1	1	1	1	1	0	1
S_3	S_2	S_1	S_0	$\overline{\text{ALU-O}}$	$\overline{\text{CS}}$	$\overline{\text{RM}}$	$\overline{\text{WM}}$	
1	0	0	1	1	1	1	1	

（6）将计算结果存入 R0 寄存器，控制信号如表 3.4.25 所示。

表 3.4.25　存结果控制信号表

$\overline{\text{SW}}$-BUS	S_B	S_A	$\overline{\text{RR}}$	$\overline{\text{WR}}$	$\overline{\text{EDR}_1}$	$\overline{\text{EDR}_2}$	M	CN
1	0	0	1	0	1	1	0	1
S_3	S_2	S_1	S_0	$\overline{\text{ALU-O}}$	$\overline{\text{CS}}$	$\overline{\text{RM}}$	$\overline{\text{WM}}$	
1	0	0	1	0	1	1	1	

（7）在 RCK 上产生一个上升沿的脉冲，把计算结果存入 R0 寄存器。

5）模拟执行指令：OUT　R0；

将寄存器 R0 中的内容输出显示灯显示，控制信号如表 3.4.26 所示。

表 3.4.26　控制信号表

$\overline{\text{SW}}$-BUS	S_B	S_A	$\overline{\text{RR}}$	$\overline{\text{WR}}$	$\overline{\text{EDR}_1}$	$\overline{\text{EDR}_2}$	M	CN
1	0	0	0	1	1	1	0	1
S_3	S_2	S_1	S_0	$\overline{\text{ALU-O}}$	$\overline{\text{CS}}$	$\overline{\text{RM}}$	$\overline{\text{WM}}$	
1	0	0	1	1	1	1	1	

七、思考题

1. 执行如下程序：

MOV　R0,0FFH；　　//将立即数 0FFH,送 R0 寄存器

MOV　R1,[03H]；　　//将地址为 03H 所存储的数据存入寄存器 R1

AND　R0,R1；　　　//将寄存器 R0 的内容与寄存器 R1 的内容相与,计算结果保存在寄存器 R0

OUT　R0；　　　　//寄存器 R0 的内容送显示灯显示

2. 将你的学号后 8 位存入存储器 03H 单元中,执行上述程序,最终显示的结果为 R0＝＿＿＿,请用实验验证此程序输出结果是否正确。

实验五　微程序控制单元实验

控制器是整个计算机系统的指挥中心,负责对指令进行分析,并根据指令的要求,有序、有目的地向各个部件发出控制信号,使计算机的各部件协调一致地工作。控制单元具有发出各种微操作命令(即控制信号)序列的功能。微程序设计方法设计控制单元的过程就是编写对应每一条机器指令的微程序,按执行每条机器指令所需要的微操作命令的先后顺序而编写的。了解微程序控制单元的原理和设计对掌握计算机组成原理至关重要。通过微程序控制单元实验,学生可以亲身体验微程序控制单元的操作过程,加深对理论知识的理解。

一、实验目的

1. 熟悉微程序控制器的原理。

2. 掌握微程序的命令写入、微地址转移原理,并观察运行状态。

二、实验要求

1. 做好实验预习,掌握微程序控制器的工作原理。

2. 按照实验步骤完成实验项目,掌握设置微地址、微指令输出的方法。

3. 根据实验任务所提的要求,在预习时完成表格填写、数据和理论分析。

4. 撰写实验报告,主要包括以下内容:

(1)实验目的;

(2)写出详细的实验步骤,记录实验数据;

(3)实验思考题的讨论。

三、实验环境

1. 装有 Windows 操作系统的微型计算机。

2. 装有 Proteus 软件。

四、实验说明

1. 时序发生器

假设本实验所用的时序电路可产生 $T_1 \sim T_4$ 时序。机器将处于单拍运行状态,此时只发送一组 T_1、T_2、T_3、T_4 时序信号。实验中用按钮模拟产生 T_2、T_4 时序信号。每次只读出一条微指令,因而可以观察微指令代码以及当前的执行结果。

2. 实验原理

一条指令由若干条微指令组成,而每一条微指令由若干个微命令及下一微地址信号组成。不同的微指令由不同的微命令和下一微指令地址组成。它们存放在控制存储器,因此,用不同的微指令地址读出不同的微命令,输出不同的控制信号。

微程序控制器原理框图如图 3.5.1 所示。它主要由控制存储器、微指令寄存器和地址转移逻辑三大部分组成,其中微指令寄存器分为微地址寄存器和微命令寄存器两部分。

控制存储器简称控存,用来存放实现全部指令系统的所有微程序,它是一种只读型存储器。控制存储器的字长就是微指令字的长度,其存储容量视机器指令系统而定,即取决于微程序的数量。

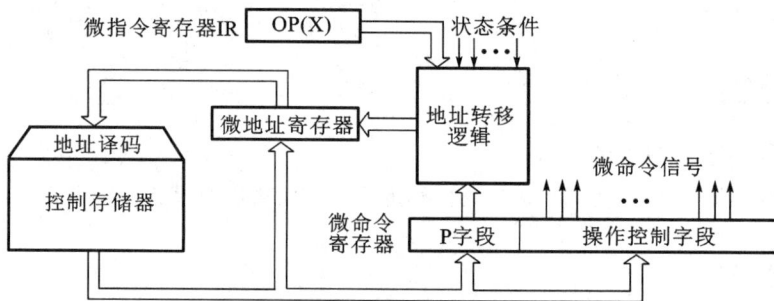

图 3.5.1 微程序控制器原理框图

微指令寄存器用来存放由控制存储器读出的一条微指令信息,其中微地址寄存器决定将要访问的下一条微指令的微地址,而微命令寄存器则保存一条微指令的操作控制字段和判别测试字段的信息。

当微命令寄存器中的 P 字段的取值不全为 0 时,即需要进行判别或测试时,地址转移逻辑电路根据指令的操作码 OP、寻址方式 X、执行部件的"状态条件"等反馈信息,去强制修改微地址寄存器的内容,并按修改好的微地址去读取下一条微指令,从而实现微程序的分支。

一般的水平型微指令格式如图 3.5.2 所示。

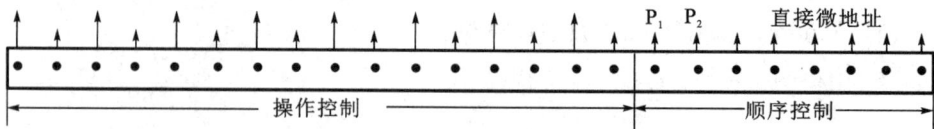

图 3.5.2 水平型微指令格式

3. 实验用的微程序控制器组成

实验用的微程序控制器的组成如图 3.5.3 所示。控制存储器采用 4 片 2764(4×8位)只读存储器。微指令寄存器为 26 位,用 3 片 8D 触发器(74LS273)和 1 片 4D(74LS175)触发器组成。微地址寄存器 6 位,由 3 片正沿触发的双 D 触发器 74LS74 组成,它们带有清零端和预置端。

微指令寄存器(3 片 74LS273 和 1 片 74LS175)共 26 位(包含 1 位测试位 P(1)),在每一个 T_2 的上升沿,输出该条微指令的控制信号,同时新的微指令地址导入微地址寄存器(3 片 74LS74)中。在不需要判别测试的情况下(P(1)=0),T_2 时刻写入的微地址寄存器内容为下一条微指令地址。在需要判别测试的情况下(P(1)=1),T_2 时刻给出判别信号 P(1)=1 及下一条微指令地址 010000。在 T_4 上升沿到来时,根据 P(1)、IR_7、IR_6、IR_5、IR_4 的状态条件对微地址 010000 进行修改,实现微地址的转移。转移逻辑满足条件后输出的负脉冲通过置位端将某一触发器输出端置为"1"状态,完成地址修改,然后按修改的微地址读出下一条微指令,并在下一个 T_2 时刻将读出的微指令写入微指令寄存器和微地址寄存器。

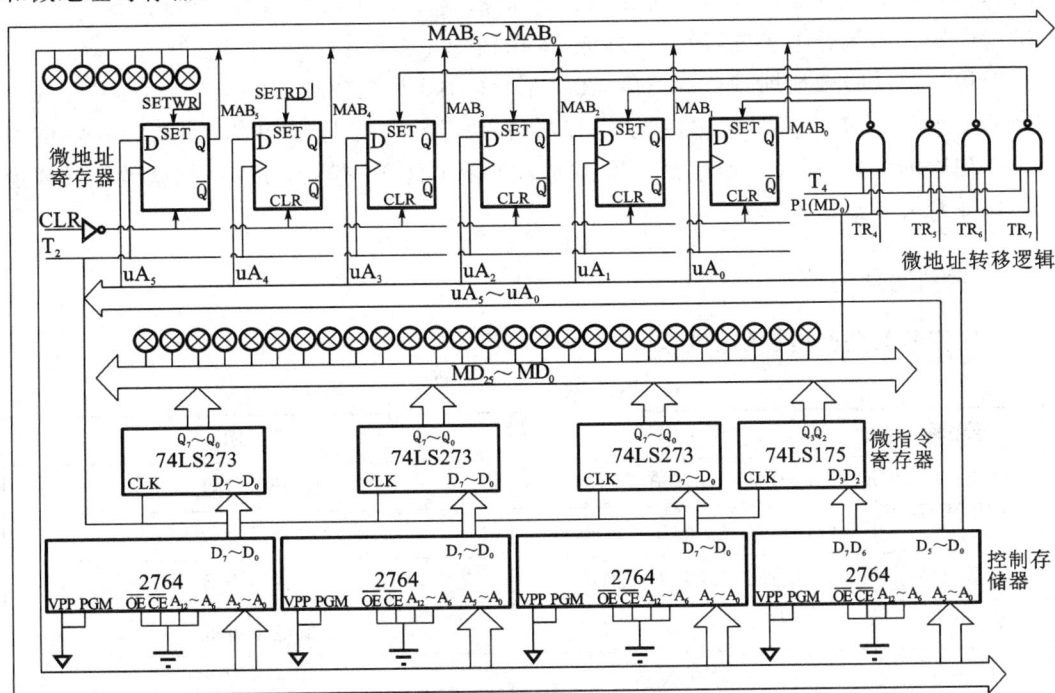

图 3.5.3　微程序控制器的组成

(1)微地址显示灯显示的是后续微地址,后续微地址输出锁存器 $MAB_5 \sim MAB_0$ (74LS74)内容。

(2)微代码显示灯显示的是微控制代码输出微指令寄存器 74LS273(1~3)、74LS175 的内容。

微地址转移逻辑的多个输入信号中,SETWR、SETRD 是为了向 RAM 中装入程序和数据并读出,实现了对 RAM 的连续手动写入。这个操作的主要作用是向 RAM 中写入自己编写的程序和数据。

$IR_7 \sim IR_4$ 是机器指令的操作码字段,根据它们的值来控制微程序转向某个特定的分支。微地址转移逻辑生成下一个微地址,等到 T_4 上升沿到来时,将其写入微地址寄存器。

4. 微程序控制单元原理

由于本系统中指令系统规模不大、功能较简单,微指令采用全水平不编码的方式,每一个微操作控制信号由 1 位微代码来表示,26 位微代码至少可表示 25 个不同的微操作控制信号和 1 位测试位。如果要实现更多复杂的操作,可通过增加一些译码电路来实现。微指令格式如图 3.5.4 所示。

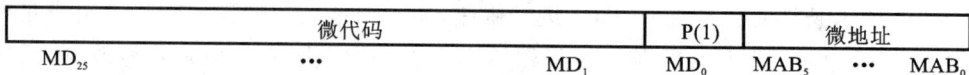

微代码		P(1)	微地址	
MD_{25}	$\cdots$ MD_1	MD_0	MAB_5	$\cdots$ MAB_0

图 3.5.4 微指令格式

每一指令的微程序的入口地址是通过对机器指令操作码的编码来形成的。本系统内的指令操作码最长为 4 位,最多可形成 16 条指令。

微程序启动时微地址寄存器清零,在本系统内,CLR 是微地址的置"0"信号,T_2 为工作脉冲。当 CLR 有上升沿时,微地址寄存器清零。当 T_2 有上升沿时,把 $uA_5 \sim uA_0$ 的值作为微程序的地址,写入微地址寄存器。当 P(1)=1 且 T_4 有上升沿时,把微地址转移逻辑的地址写入微地址寄存器。

5. 控制信号说明

此次实验电路所用控制信号如表 3.5.1 所示。

表 3.5.1 控制信号

信号名称	作　用	说　明
CLR	微地址寄存器清零脉冲	上升沿有效
T_2	微程序存储器输出工作脉冲	上升沿有效
T_4	微地址转移工作脉冲	上升沿有效
SETWR	内存写	低电平有效
SETRD	内存读	低电平有效
IR_7	指令操作码	—
IR_6	指令操作码	—
IR_5	指令操作码	—
IR_4	指令操作码	—

五、实验电路设计

1. 预习并了解组成微程序控制单元所有芯片的功能及其引脚功能。理解图 3.5.3 所示的微程序控制单元实验的逻辑电路图。

2. 微程序控制单元部分实验电路图如图 3.5.5 所示;按照图 3.5.3 完成图 3.5.5 所示的实验电路中尚未完成的部分电路设计。

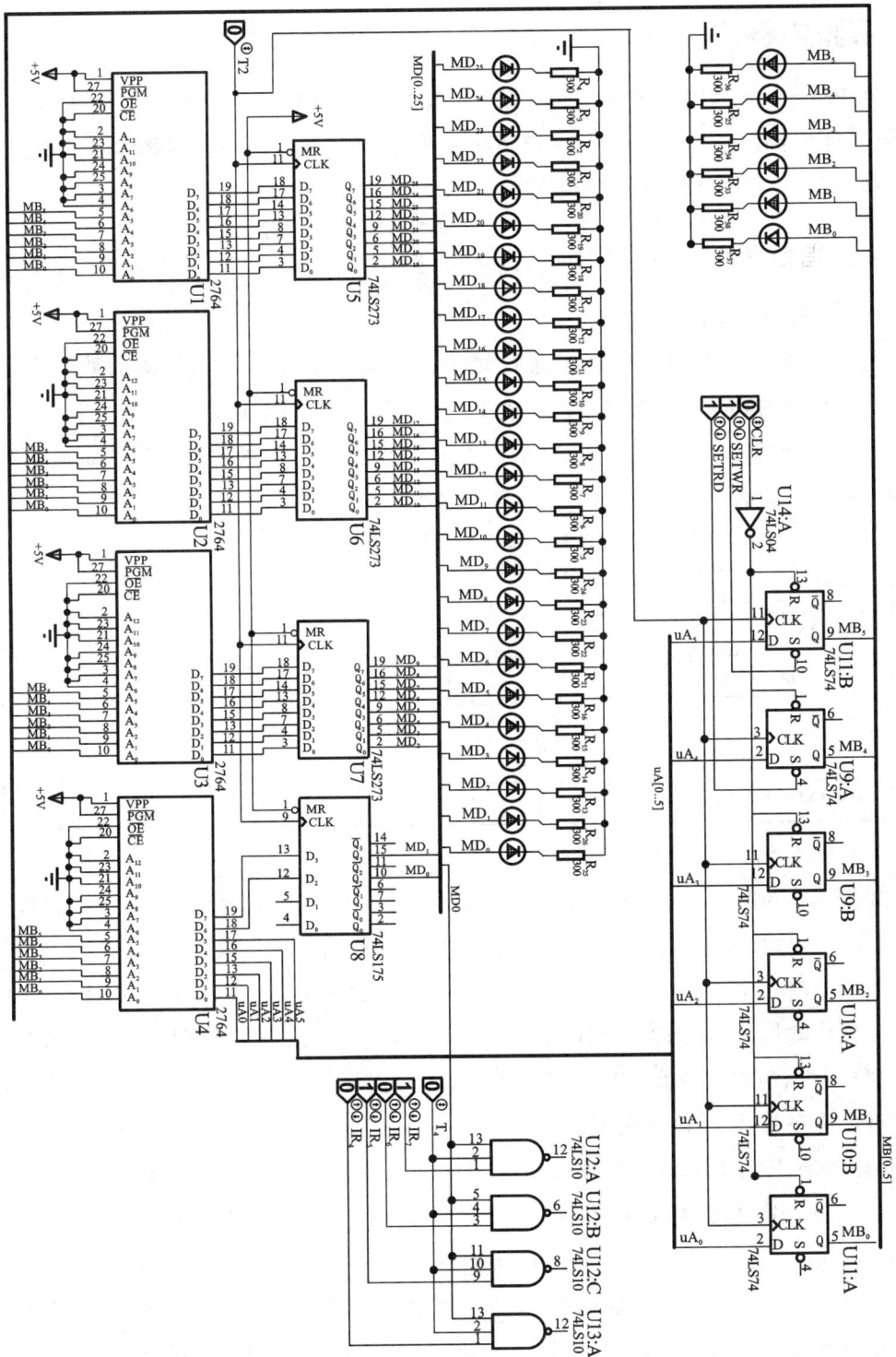

图 3.5.5 微程序控制单元部分实验电路图

六、实验内容

在 Proteus 环境中完成图 3.5.5 所示的电路连线,调试并运行该电路,完成以下实验内容。(注意:本次实验只做微程序控制器本身的实验,故微程序控制器输出的微命令信号与执行部件(数据通路)的连线不连接。)

1. 微指令写入控制存储器

1)5 条机器指令操作码安排

由于指令系统规模较小,功能也不太复杂,所以采用全水平不编码的微指令格式。用指令操作码的高 4 位作为核心扩展成 6 位的微程序入口地址 $uA_5 \sim uA_0$。指令系统操作码共 4 位,即 IR_7、IR_6、IR_5、IR_4,它们可提供 16 条指令。本次实验使用 5 条机器指令,其操作码安排如表 3.5.2 所示。

表 3.5.2　5 条机器指令操作码安排

指　　令	IR_7	IR_6	IR_5	IR_4
IN	0	0	1	0
ADD	0	1	0	0
STA	0	1	1	0
OUT	1	0	0	0
JMP	1	0	1	0

2)5 条机器指令的微程序流程图

如图 3.5.6 所示,微程序控制器在清零后,总是先给出微地址为 000000 的微指令(启动程序)。读出微地址为 000000 的微指令时,便给出下一条微指令地址 000001。

微指令地址 000001 及 000010 的两条微指令是公用微指令。微指令地址 000001 的微指令执行的是 PC 的内容送地址寄存器 AR 及 PC 加 1 微指令,同时给出下一条微指令地址 000010。微指令地址 000010 的微指令在 T_2 时序信号时,执行的是把 RAM 的指令送到指令寄存器,同时给出判别信号 P(1)及下一条微指令地址 010000,在 T_4 时序信号时,根据 P(1)、IR_7、IR_6、IR_5、IR_4 修改微地址 010000,产生下一条微指令地址,不同的指令(IR_7、IR_6、IR_5、IR_4 也就不同)产生不同的下一条微指令地址。在 IR_7、IR_6、IR_5、IR_4 为 0000(即无指令输入时),仍执行 010000 的微指令,从而可对 RAM 进行连续读操作。

当执行完一条指令的全部微指令,即一个微程序的最后一条微指令时,均给出下一条微指令地址 000001,接着执行微指令地址 000001、000010 的公共微指令,读下一条指令的内容,再由微程序控制器判别产生下一条微指令地址,以后的下一条微指令地址全部由微指令给出,直到执行完一条指令的若干条微指令,给出下一条微指令地址 000001。

图 3.5.6 为 5 条机器指令对应的微指令流程图。

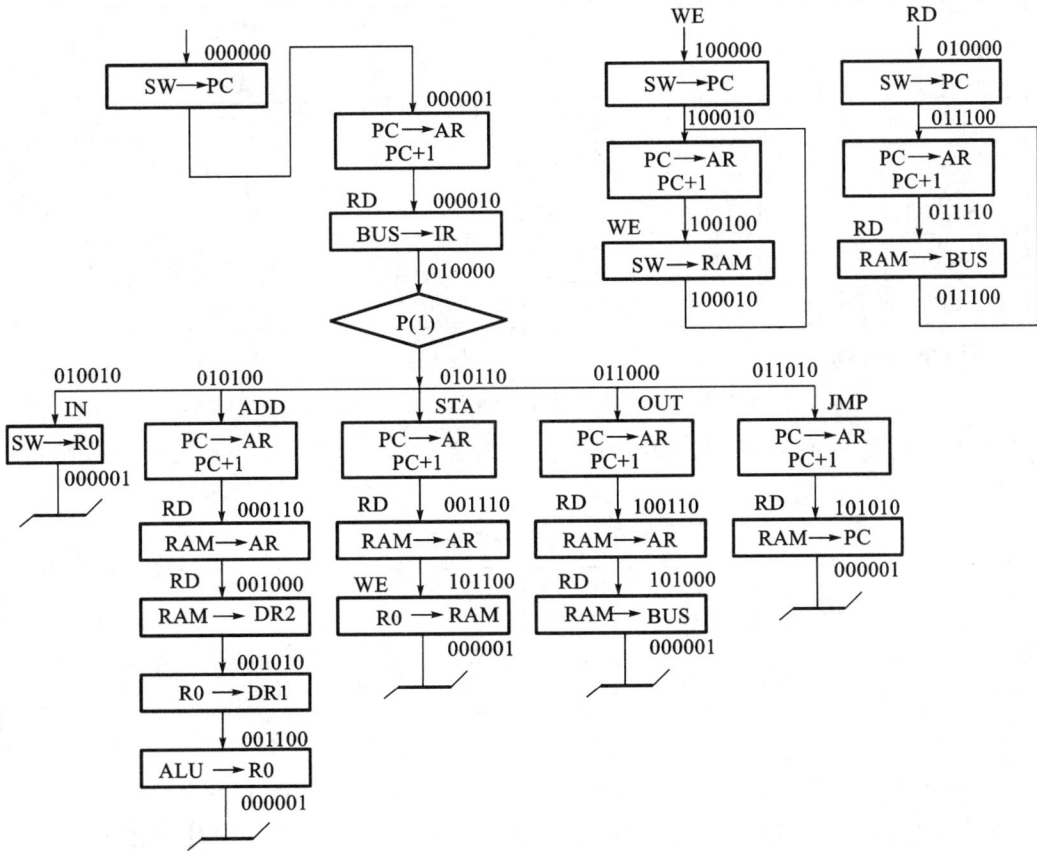

图 3.5.6　微指令流程图

实验时,模拟不同的指令,从而读出不同的微指令。微指令输出状态由各对应的指示灯显示。实验中用单步的方式启动程序 5 条指令。实验中可用电平指示灯显示每条微指令的微命令,从微地址 $uA_5 \sim uA_0$ 和判别标志上可以观察到微程序的纵向变化。SWE、SWR 是强迫 RAM 读和 RAM 写的微指令。

SWE:微程序控制器的微地址修改信号,微地址修改为 10000,使机器处于写 RAM 状态。

SRD:微程序控制器的微地址修改信号,微地址修改为 01000,使机器处于读 RAM 状态。

3)机器指令的微程序首地址形成

5 条机器指令的微程序首地址形成,见表 3.5.3。

表 3.5.3　微程序首地址形成表

微地址	MAB_5	MAB_4	MAB_3	MAB_2	MAB_1	MAB_0
	uA_5	uA_4	IR_7	IR_6	IR_5	IR_4
WE	1	0	0	0	0	0
RD	0	1	0	0	0	0

续表

微地址	MAB$_5$	MAB$_4$	MAB$_3$	MAB$_2$	MAB$_1$	MAB$_0$
	uA$_5$	uA$_4$	IR$_7$	IR$_6$	IR$_5$	IR$_4$
IN	0	1	0	0	1	0
ADD	0	1	0	1	0	0
STA	0	1	0	1	1	0
OUT	0	1	1	0	0	0
JMP	0	1	1	0	1	0

4)微指令格式

微指令格式如表 3.5.4 所示,其中 MD$_{25}$~MD$_0$ 为 26 位写入微代码,uA$_5$~uA$_0$ 为写入微地址。在脉冲 T$_2$ 时刻,将 26 位微代码写入当前微地址,将 6 位微地址写入微地址寄存器。

表 3.5.4 微指令格式表

MD$_{25}$	MD$_{24}$	MD$_{23}$	MD$_{22}$	MD$_{21}$	MD$_{20}$	MD$_{19}$	MD$_{18}$	MD$_{17}$	MD$_{16}$	MD$_{15}$	MD$_{14}$	MD$_{13}$
×	×	×	×	×	×	×	×	×	×	×	×	×
MD$_{12}$	MD$_{11}$	MD$_{10}$	MD$_9$	MD$_8$	MD$_7$	MD$_6$	MD$_5$	MD$_4$	MD$_3$	MD$_2$	MD$_1$	MD$_0$
×	×	×	×	×	×	P(1)	uA$_5$	uA$_4$	uA$_3$	uA$_2$	uA$_1$	uA$_0$

5)将实验中微代码和微地址写入控制存储器的 4 片 EPROM 中

(1)共有 4 片 EPROM,要分别写 4 个.ASM 文件。先在记事本中写汇编指令,然后将.TXT 文件改为.ASM 文件。

(2)分别准备 4 个.ASM 文件:CM1.ASM(写入 1♯EPROM 的码点)、CM2.ASM(写入 2♯EPROM 的码点)、CM3.ASM(写入 3♯EPROM 的码点)、CM4.ASM(写入 4♯EPROM 的码点)。这 4 个文件是要写入 EPROM 的微指令代码文件,CM4.ASM 是微指令地址代码部分。

(3)将 4 个.ASM 文件在 Proteus 中编译成 4 个.HEX 文件。

(4)将 4 个.HEX 文件映射到 4 片 EPROM 中。

6)编译

将 4 个.ASM 文件在 Proteus 中编译成 4 个.HEX 文件的编译过程如下。

(1)在 Source 菜单中选创建项目,在 Contoller 菜单中选 80C51,去掉"√"。

(2)选择 Add New File 菜单,点击文件名,在 Project 菜单中,去掉"√"。

(3)点击文件名,编译。

(4)产生 Debug 文件夹,把 Debug 文件夹改名。

(5)在绘图窗口,双击 EPROM 芯片,在 Image File 中给出.HEX 的路径。每个 EPROM 芯片对应 1 个.HEX 文件。

经过上述操作,5 条机器指令的微指令就被逐条写入控制存储器的 4 片 EPROM。

2. 读出微指令

前面介绍了微指令的写入,下面介绍将写入 EPROM 中的 5 条机器指令的微指令读出。CLR 为高脉冲,从微地址"0"开始,在脉冲 T_2 时刻,将当前微地址的 26 位微代码由 $MD_{25} \sim MD_0$ 读出,微地址显示灯 $MAB_5 \sim MAB_0$ 将显示 00H,如表 3.5.5 所示。

表 3.5.5　微地址显示

LED_5	LED_4	LED_3	LED_2	LED_1	LED_0
MAB_5	MAB_4	MAB_3	MAB_2	MAB_1	MAB_0
0	0	0	0	0	0

按脉冲 T_2,在 T_2 上产生一个上升沿,把 $MD_{25} \sim MD_0$ 写入微命令寄存器,微程序存储器将 00H 单元的内容输出。微代码的显示灯将显示 $MD_{25} \sim MD_0$ 对应的代码,填入表 3.5.6。

表 3.5.6　代码显示 1

LED_{25}	LED_{24}	LED_{23}	LED_{22}	LED_{21}	LED_{20}	LED_{19}	LED_{18}	LED_{17}	LED_{16}	LED_{15}	LED_{14}	LED_{13}
MD_{25}	MD_{24}	MD_{23}	MD_{22}	MD_{21}	MD_{20}	MD_{19}	MD_{18}	MD_{17}	MD_{16}	MD_{15}	MD_{14}	MD_{13}

LED_{12}	LED_{11}	LED_{10}	LED_9	LED_8	LED_7	LED_6	LED_5	LED_4	LED_3	LED_2	LED_1	LED_0
MD_{12}	MD_{11}	MD_{10}	MD_9	MD_8	MD_7	MD_6	MD_5	MD_4	MD_3	MD_2	MD_1	MD_0

再按一次脉冲 T_2,在 T_2 上产生一个上升沿,把 $MD_{25} \sim MD_0$ 写入微命令寄存器,微程序存储器将 01H 单元的内容输出。微代码的显示灯将显示 $MD_{25} \sim MD_0$ 对应的代码,完成表 3.5.7 的填写。

表 3.5.7　代码显示 2

LED_{25}	LED_{24}	LED_{23}	LED_{22}	LED_{21}	LED_{20}	LED_{19}	LED_{18}	LED_{17}	LED_{16}	LED_{15}	LED_{14}	LED_{13}
MD_{25}	MD_{24}	MD_{23}	MD_{22}	MD_{21}	MD_{20}	MD_{19}	MD_{18}	MD_{17}	MD_{16}	MD_{15}	MD_{14}	MD_{13}

LED_{12}	LED_{11}	LED_{10}	LED_9	LED_8	LED_7	LED_6	LED_5	LED_4	LED_3	LED_2	LED_1	LED_0
MD_{12}	MD_{11}	MD_{10}	MD_9	MD_8	MD_7	MD_6	MD_5	MD_4	MD_3	MD_2	MD_1	MD_0

再按一次脉冲 T_2,在 T_2 上产生一个上升沿,把 $MD_{25} \sim MD_0$ 写入微命令寄存器,微程序存储器将 02H 单元的内容输出。微代码的显示灯将显示 $MD_{25} \sim MD_0$ 对应的代码,完成表 3.5.8 的填写。

表 3.5.3 代码显示 3

LED$_{25}$	LED$_{24}$	LED$_{23}$	LED$_{22}$	LED$_{21}$	LED$_{20}$	LED$_{19}$	LED$_{18}$	LED$_{17}$	LED$_{16}$	LED$_{15}$	LED$_{14}$	LED$_{13}$
MD$_{25}$	MD$_{24}$	MD$_{23}$	MD$_{22}$	MD$_{21}$	MD$_{20}$	MD$_{19}$	MD$_{18}$	MD$_{17}$	MD$_{16}$	MD$_{15}$	MD$_{14}$	MD$_{13}$

LED$_{12}$	LED$_{11}$	LED$_{10}$	LED$_9$	LED$_8$	LED$_7$	LED$_6$	LED$_5$	LED$_4$	LED$_3$	LED$_2$	LED$_1$	LED$_0$
MD$_{12}$	MD$_{11}$	MD$_{10}$	MD$_9$	MD$_8$	MD$_7$	MD$_6$	MD$_5$	MD$_4$	MD$_3$	MD$_2$	MD$_1$	MD$_0$

注意:微代码由 3 片 74LS273 和 1 片 74LS175 作为微指令暂存器,只要 CLK 端有上升沿,即可暂存并输出微代码。

3. 将实验数据记录表格

深刻理解 P(1)测试的状态条件(IR$_7$～IR$_4$),依次观察 IN 至 JMP 这 5 条机器指令对应微程序的微地址转移的实现,并记录在表 3.5.9 中,与图 3.5.6 微指令流程图进行对照。

CLR 为高脉冲,从微地址"0"开始,在脉冲 T$_2$ 时刻,将当前微地址的 26 位微代码由 MD$_{25}$～MD$_0$ 读出,微地址显示灯 MAB$_5$～MAB$_0$ 将显示 00H,完成表 3.5.9 的填写。

表 3.5.9 代码显示

指令	IR$_7$	IR$_6$	IR$_5$	IR$_4$	P(1)	MAB$_5$	MAB$_4$	MAB$_3$	MAB$_2$	MAB$_1$	MAB$_0$
公用微指令					0	0	0	0	0	0	0
IN											
ADD											
STA											

续表

指令	IR_7	IR_6	IR_5	IR_4	$P(1)$	MAB_5	MAB_4	MAB_3	MAB_2	MAB_1	MAB_0
OUT											
JMP											

注意:02H 微指令的下一微指令地址是 10H。不过,10H 只是一个表面的下一个微地址,由于该微指令中 $P(1)=1$,因此实际的微指令地址的低 4 位要根据 $IR_7 \sim IR_4$ 确定,实际微地址为 $10H + IR_7 IR_6 IR_5 IR_4$。

七、思考题

1. 微程序控制器由哪些芯片组成,各起到什么作用?

2. 微指令寄存器由哪些芯片组成,各起到什么作用?

3. 微地址寄存器由哪些芯片组成,各起到什么作用?

4. 机器指令的微程序入口地址生成电路由哪些芯片组成,各起到什么作用?

计算机组成原理课程设计

一、课程设计题目

基于 Proteus 简单模型计算机的设计与实现。

二、课程设计任务

熟悉计算机组成原理课程所完成的各个实验；在掌握各实验子部件功能的基础上，设计并实现一台模型计算机。设计模型计算机的整机硬件电路、指令系统，并在模型机上成功运行程序。

三、设计任务要求

1. 模型计算机整机逻辑框图见图 3.6.1，请参考计算机组成原理课程的前 5 个实验内容，归纳此模型计算机的所有控制信号，并仿照表 3.6.1 分别将它们填入表 3.6.2 至表 3.6.6。

表 3.6.1 开关数据送总线控制信号

信号名称	作　用	说　明
$\overline{\text{SW-BUS}}$	开关数据送总线允许	低电平有效

表 3.6.2 ALU 单元控制信号

信号名称	作　用	说　明

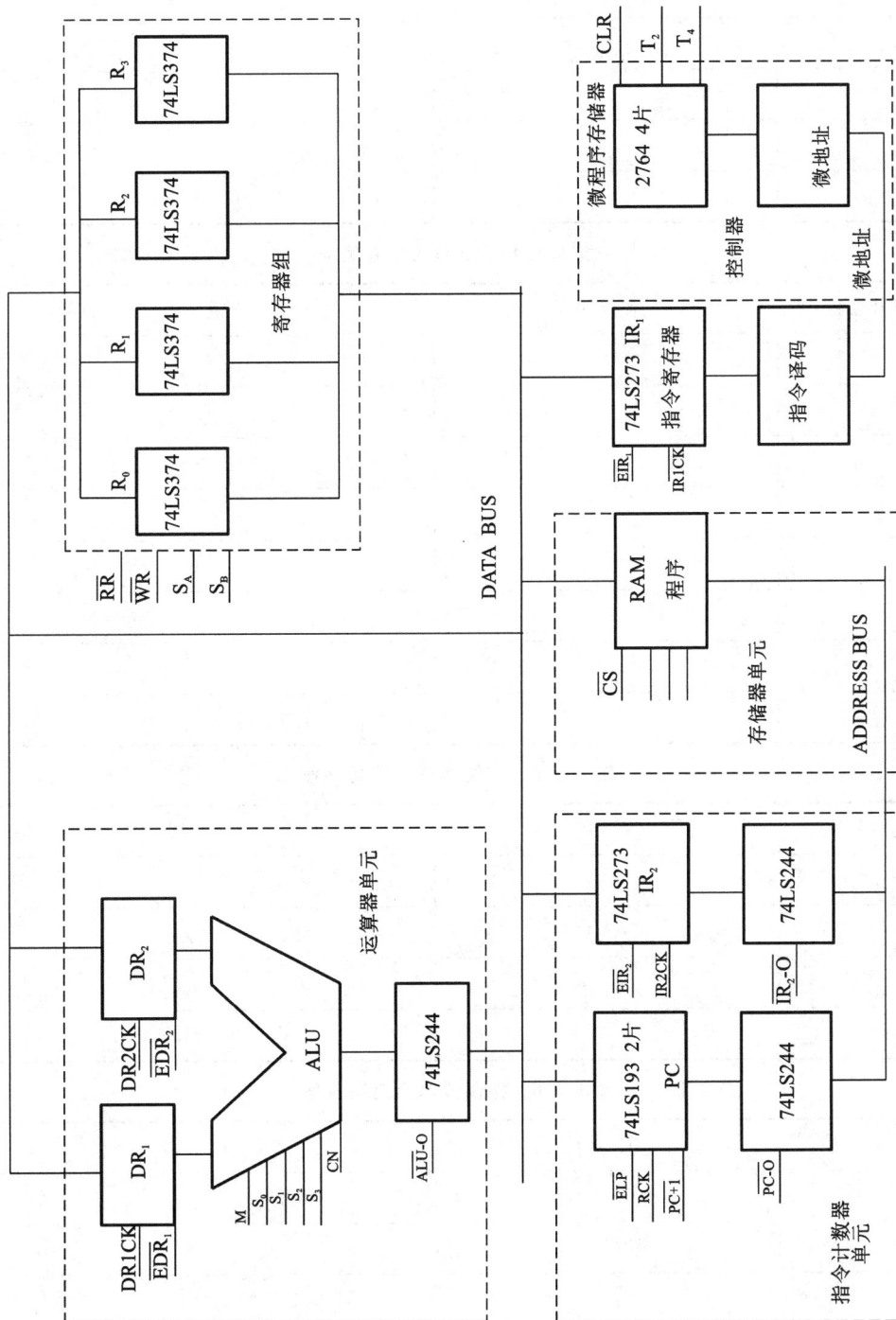

图 3.6.1　模型计算机整机逻辑框图

表 3.6.3　寄存器单元控制信号

信号名称	作　用	说　明

表 3.6.4　PC 单元控制信号

信号名称	作　用	说　明

表 3.6.5　存储器单元控制信号

信号名称	作　用	说　明

表 3.6.6　控制器单元控制信号

信号名称	作　用	说　明

2. 将模型计算机整机电路层次化设计。

模型计算机整机电路的主电路部分主要由按钮开关、显示灯、时序部分、指令寄存器 IR_1(74LS273)，以及运算器单元、寄存器组、指令计数器部件单元、存储器单元、控制器单元等主模块构成。

子电路部分主要由运算器单元、寄存器组、指令计数器部件单元(74LS193、74LS244、74LS273)、存储器单元、控制器单元等子模块构成。

设计步骤如下。

(1)找出计算机组成原理课程实验中的主电路和 5 个子电路，并分析每个子电路与主电路联络的信号，作为输入/输出端口的连线。

①运算器单元子电路输入/输出端口的连线信号如表 3.6.7 所示。

表 3.6.7　运算器单元子电路输入/输出端口连线信号

信号名称	信号名称	信号名称	信号名称	信号名称	信号名称

信号名称	信号名称	信号名称	信号名称	信号名称	信号名称

②寄存器组单元子电路输入/输出端口的连线信号如表 3.6.8 所示。

表 3.6.8　寄存器组单元子电路输入/输出端口连线信号

信号名称	信号名称	信号名称	信号名称	信号名称	信号名称

③指令计数器部件单元子电路输入/输出端口的连线信号如表 3.6.9 所示。

表 3.6.9　指令计数器部件单元子电路输入/输出端口连线信号

信号名称	信号名称	信号名称	信号名称	信号名称	信号名称	信号名称	信号名称	信号名称	信号名称

④存储器单元子电路输入/输出端口的连线信号如表 3.6.10 所示。

表 3.6.10　存储器单元子电路输入/输出端口连线信号

信号名称	信号名称	信号名称	信号名称	信号名称	信号名称

⑤控制器单元子电路输入/输出端口的连线信号如表 3.6.11 所示。

表 3.6.11　控制器单元子电路输入/输出端口连线信号

信号名称	信号名称	信号名称	信号名称	信号名称	信号名称	信号名称

(2)在 Proteus 主电路设计图中增加按钮开关、显示灯等器件。单击工具箱中父电路模式图标 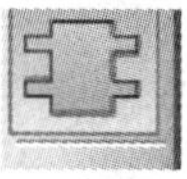 ，并在编辑窗口拖动,拖出父电路模块。

(3)选中父电路模块,编辑子电路模块,并设置实体名(Name)和电路名称。

(4)从对象选择器中选择合适的输入/输出端口,放置在父电路模块的左右两侧。在对象选择器中选择"INPUT",并在矩形框的左边单击一次,生成一个输入端。

(5)在对象选择器中选择"OUTPUT",并在矩形框的右边单击一次,生成一个输出端。

(6)选中输入/输出端口,直接编辑端口名称,生成父电路。

(7)将光标放在父电路模块图上,点击右键,选择"Goto Child Sheet"菜单项,此时自动打开一个新的绘图画面。

(8)在新的绘图画面中,将以前的实验电路编辑成子电路模块,确认输入/输出端口的连线,编辑输入/输出端口。

(9)画好子电路图,使输入/输出的端口引脚名与父电路的保持完全一致。

(10)编辑子电路图完毕,在子图中单击右键,选择"Exit to Parent Sheet"菜单项,返回主设计页面。

(11)将创建好的子电路模块放到主电路中合适的位置,连接电路,完成层次电路的设计。

3. 实现模型计算机的整机硬件电路设计(见图 3.6.2),并调试正确。

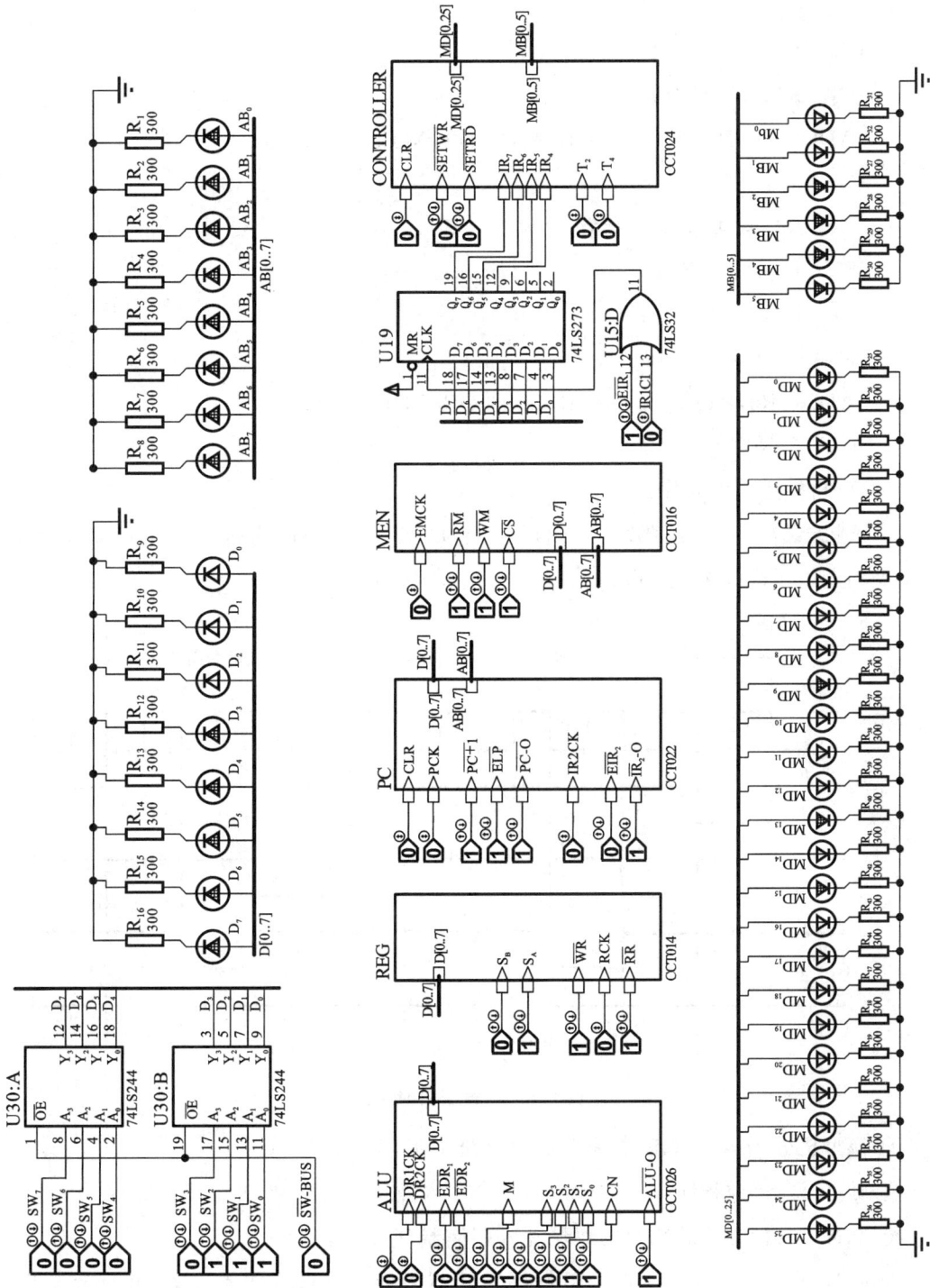

图 3.6.2　模型计算机的整机硬件电路

4. 在设计的模型计算机的整机硬件电路基础上,用开关模拟控制信号调试下述两段汇编指令程序。

(1)IN　R0,♯DATA1;//请输入学号

　　IN　R1,♯DATA2;

　　ADD　R0,R1;　　　//SUB,AND,OR,XOR,COM

　　OUT　R0;

(2)IN　R0,♯DATA1;//请输入学号

　　STA　(01H),R0;

　　IN　R0,♯DATA2;

　　MOV　R1,(01H);

　　ADD　R0,R1;　　　//SUB,AND,OR,XOR,COM

　　OUT　R0;

(3)分析模型机的时序。

一条机器指令由若干条微指令组成,每条微指令执行时间为一个微指令周期。每个微指令周期由 4 个 T 状态(T_1、T_2、T_3、T_4)组成,如图 3.6.3 所示。

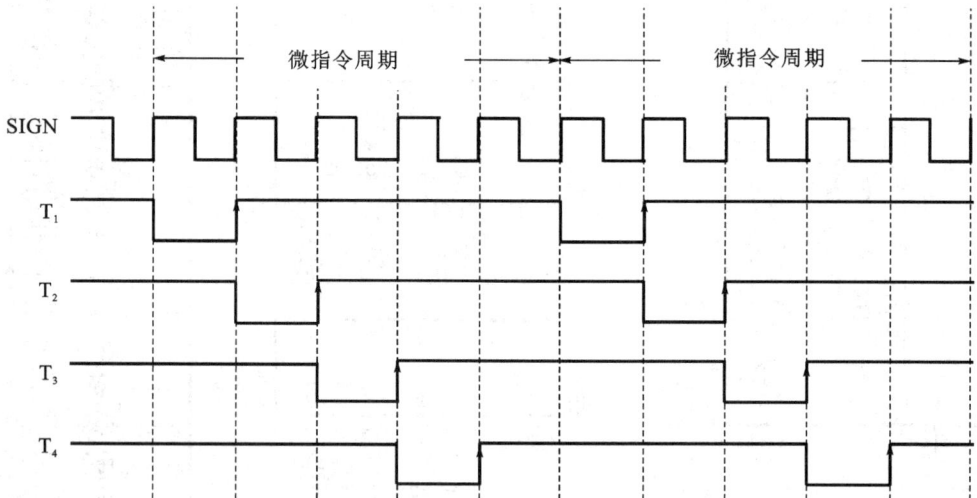

图 3.6.3　模型机时序图

①模型机处于运行状态时,首先将微地址清零,即 CLR＝0。

②脉冲 T_2:把微程序存储器中的微指令写入微指令暂存器,并输出微命令。

③脉冲 T_3:把当前总线上的数据写入存储器,PC＋1。

④脉冲 T_4:把当前总线上的数据写入当前微指令所选择的寄存器,并修改微指令地址。

(4)把模型机的所有脉冲信号填入表 3.6.12 中,并分配时序。

表 3.6.12　脉冲信号时态分配

信号名称	作　用	说　明	T 时态分配
CLR	微地址清零信号	上升沿有效	开始运行总清信号

（5）指令设计。对于汇编指令程序中的机器指令，逐条分析并说明指令的数据信息流向，设计指令。

①分析单字节指令的数据信息流。

例如，ADD Ri,Rj；

该指令功能为 $(R_i)+(R_j) \to R_i$，需执行如下微操作：

$(R_i) \xrightarrow{S_B,S_A,\overline{RR},\overline{EDR_1},T_4} DR_1$，寄存器 R_i 内容送 ALU 锁存器；

$(R_j) \xrightarrow{S_B,S_A,\overline{RR},\overline{EDR_2},T_4} DR_2$，寄存器 R_j 内容送 ALU 锁存器；

$(R_i)+(R_j) \xrightarrow{CN,S_3,S_2,S_1,S_0,\overline{ALU\text{-}O}} DB \xrightarrow{S_B,S_A,\overline{RR},T_4} R_i$，ALU 执行加法，结果经 DB 最后送入寄存器 R_i；

$(R_i)+(R_j) \xrightarrow{CN,S_3,S_2,S_1,S_0,\overline{ALU\text{-}O}} DB \xrightarrow{S_B,S_A,T_4} R_i$；寄存器 R_i 写入信号变为无效。

由此看出，此条机器指令由 4 条微指令周期组成：

（a）寄存器 R_i 内容送 ALU 的 DR_1 暂存器；

（b）寄存器 R_j 内容送 ALU 的 DR_2 暂存器；

（c）ALU 计算，并将计算结果送寄存器 R_i；

（d）将寄存器写信号变为无效，WR＝1。

②分析双字节指令的数据信息流。

例如，MOV Ri,addr；该指令功能为 $(addr) \to R_i$，需执行如下微操作：

地址送 $IR_2 \xrightarrow{\overline{SW\text{-}BUS},\overline{EDR_2},T_4} IR_2$，地址送 IR_2；

$(IR_2) \xrightarrow{\overline{IR_2\text{-}O}} AB$，$IR_2$ 形成新的地址送地址总线；

$(RAM) \xrightarrow{\overline{RM}} DB \xrightarrow{S_A,S_B,\overline{WM},T_4} R_i$，从内存读出操作数存入 R_i；

$(RAM) \xrightarrow{\overline{RM}} DB \xrightarrow{S_A,S_B,T_4} R_i$，寄存器写信号无效。

由此看出，此程序由 3 条微指令周期组成。

（a）地址送 IR_2；

（b）IR_2 寄存器的内容输出到地址总线，读内存单元，将取得的值送入累加器 R_i；

（c）寄存器写信号无效。

③分析单字节指令（IN R0,♯DATA1；）的数据信息流。

④分析单字节指令（OUT R0）的数据信息流。

⑤分析双字节指令（STADATA,Ri）的数据信息流。

⑥请在表 3.6.13 中记录每条机器指令的控制信号（电平信号）的开关状态。

表 3.6.13 机器指令的控制信号（电平信号）的开关状态

指令助记符	$\overline{SW\text{-}BUS}$	$\overline{EDR_1}$	$\overline{EDR_2}$	M	S_3	S_2	S_1	S_0	CN	$\overline{ALU\text{-}O}$	S_B	S_A	$\overline{WR}$	RR	PC+1	ELP	PC-O	$\overline{EIR_2}$	$\overline{IR_2\text{-}O}$	RM	WM	CS	$\overline{EIR_1}$	无效
	0	0	0	×	×	×	×	×	×	0	×	×	0	0	0	0	0	0	0	0	0	0	0	
IN R0, DATA1																								

续表

指令助记符	$\overline{\text{SW-BUS}}$	$\overline{\text{EDR}_1}$	$\overline{\text{EDR}_2}$	M	S_3	S_2	S_1	S_0	CN	$\overline{\text{ALU-O}}$	S_B	S_A	WR	RR	PC+1	ELP	$\overline{\text{PC-O}}$	EIR_2	$\overline{\text{IR}_2\text{-O}}$	RM	WM	CS	$\overline{\text{EIR}_1}$	无效
	0	0	0	×	×	×	×	×	×	0	×	×	0	0	0	0	0	0	0	0	0	0	0	
IN R1, DATA2																								
ADD R0, R1																								
OUT R0																									
MOV Ri, addr																									
STA DATA,Ri																									

四、实训题

1. 请对上述第一段程序中的机器指令,给出每条机器指令的微指令码点,填入表 3.6.14 中(参考表 3.6.13 的内容),以及脉冲信号的时序安排,并将微指令码点写入微程序控制器的 EPROM 中。

2. 拨动开关模拟控制信号,验证所设计的机器指令对应的微指令码点设计的正确性。

3. 撤销所有控制信号的模拟开关,连线到微程序控制器,加上时序部分,运行模型计算机(见图 3.6.4)。

4. 用设计的机器指令编一段程序,在模型计算机上实现编程的应用,实现模型计算机的自动运行。验证所设计的模型计算机硬件以及所设计的指令系统的正确性。

表 3.6.14　微指令格式

指令助记符	微地址有效值	MD25 SW-BUS	MD24 EDR1	MD23 EDR2	MD22 M	MD21 S3	MD20 S2	MD19 S1	MD18 S0	MD17 CN	MD16 ALU-O	MD15 SB	MD14 SA	MD13 WR	MD12 RR	MD11 PC+1	MD10 ELP	MD9 PC-O	MD8 EIR2	MD7 IR2-O	MD6 RM	MD5 WM	MD4 CS	MD3 EIR1	MD2	MD1	MD0 P1	MB5	MB4	MB3	MB2	MB1	MB0
IN R0, DATA 1		0	0	0	×	×	×	×	×	×	0	×	×	0	0	0	0	0	0	0	0	0	0	0			1						
IN R1, DATA 2																																	
ADD R0,R1																																	
OUT R0																																	

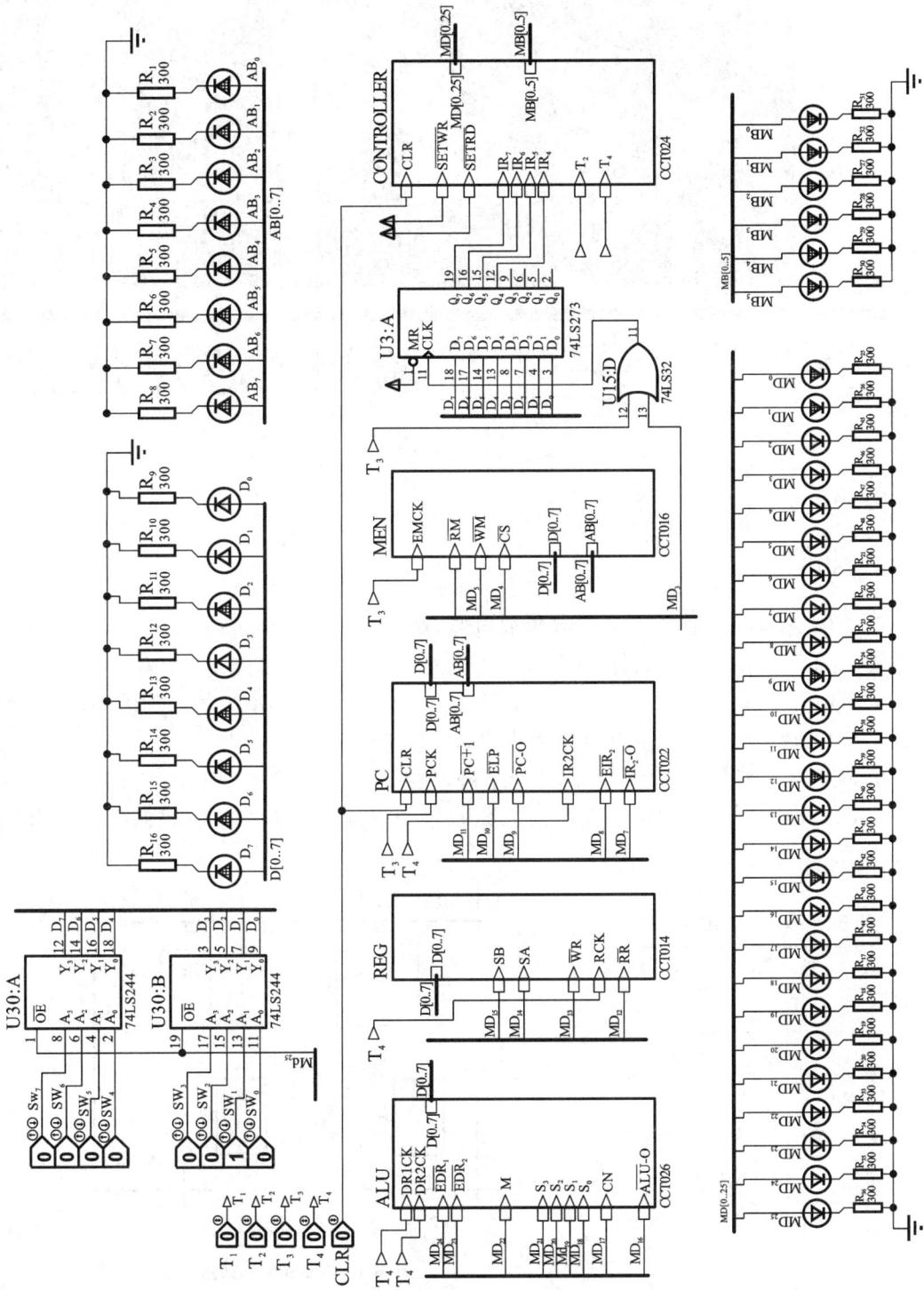

图 3.6.4　连接控制器的模型计算机整机电路图

附　录

实验相关芯片介绍

1. 74LS00

74LS00 芯片是一种常用的数字集成电路,属于 TTL(Transistor-Transistor Logic, 晶体管-晶体管逻辑)系列。它内部包含 4 个独立的二输入与非门。

逻辑功能:当两个输入端都为高电平时,输出为低电平;当两个输入端中至少有一个为低电平时,输出为高电平。其逻辑功能表如附表 1 所示。

引脚排列:74LS00 芯片通常有 14 个引脚,包括 8 个输入端引脚(A_1、B_1;A_2、B_2;A_3、B_3;A_4、B_4)、4 个输出端引脚(Y_1、Y_2、Y_3、Y_4)、电源引脚(V_{CC})和接地引脚(GND),如附图 1 所示。

附表 1　74LS00 逻辑功能表

输　　入		输　出
A	B	Y
0	0	1
0	1	1
1	0	1
1	1	0

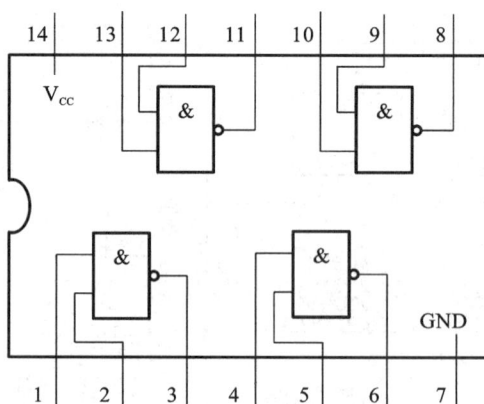

附图 1　74LS00 引脚图

2. 74LS04

74LS04 芯片是一种带有 6 个非门的数字集成电路,是六输入反相器,也就是有 6 个反相器,属于 TTL 系列。它的输出信号与输入信号相位相反,74LS04 是一个数字控制开关芯片。简单来说,74LS04 芯片就是几个电子开关电路由外部信号控制内部开关状态,在节日彩灯中起到控制彩灯按所设的顺序循环亮和灭的作用。它常用在各种数字电路中。

逻辑功能:74LS04 芯片中的每个非门都可以将输入的电平信号取反,即输入高电平则输出低电平,输入低电平则输出高电平。其逻辑功能表如附表 2 所示。

引脚排列:该芯片通常有 14 个引脚,包括 6 个非门的输入引脚、6 个非门的输出引脚、电源引脚(V_{CC})和接地引脚(GND),如附图 2 所示。

附表 2　74LS04 逻辑功能表

输　入	输　出
A	Y
0	1
1	0

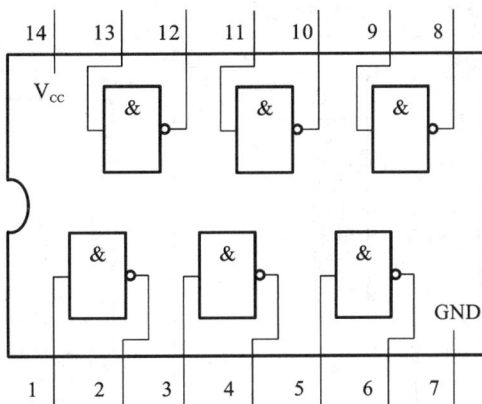

附图 2　74LS04 引脚图

3. 74LS08

74LS08 芯片是一种常用的数字集成电路,属于 TTL 系列。它内部包含 4 个独立的二输入与门。

逻辑功能:当两个输入端都为高电平时,输出为高电平;当两个输入端中至少有一个为低电平时,输出为低电平。其逻辑功能表如附表 3 所示。

引脚排列:74LS08 芯片通常有 14 个引脚,包括 8 个输入端引脚(A_1、B_1;A_2、B_2;A_3、B_3;A_4、B_4)、4 个输出端引脚(Y_1、Y_2、Y_3、Y_4)、电源引脚(V_{CC})和接地引脚(GND),如附图 3 所示。

附表 3　74LS08 逻辑功能表

输　入		输　出
A	B	Y
0	0	0
0	1	0
1	0	0
1	1	1

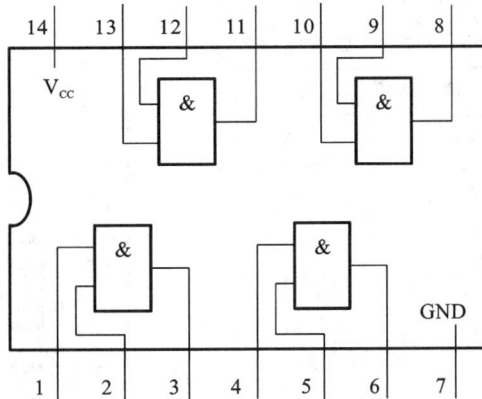

附图 3　4LS08 引脚图

4. 74LS10

74LS10 是一种 3 个独立的三输入与非门芯片,属于 TTL 系列。

逻辑功能:当 3 个输入端都为高电平时,输出为低电平;当 3 个输入端中至少有一个为低电平时,输出为高电平。其逻辑功能表如附表 4 所示。

引脚排列:74LS10 芯片通常有 14 个引脚,包括 9 个输入端引脚(A_1、B_1、C_1;A_2、B_2、C_2;A_3、B_3、C_3)、3 个输出端引脚(Y_1、Y_2、Y_3)、电源引脚(V_{CC})和接地引脚(GND),如附图 4 所示。

附表 4　74LS10 逻辑功能表

输　入			输　出
A	B	C	Y
0	0	0	1
0	0	1	1
0	1	0	1
0	1	1	1
1	0	0	1
1	0	1	1
1	1	0	1
1	1	1	0

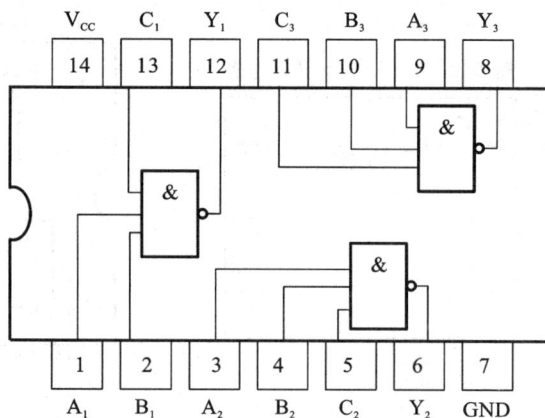

附图 4　74LS10 引脚图

5. 74LS32

74LS32 是 4 个独立的二输入端或门,有 4 个或门,每个门带有 2 个输入,是 4 个二输入或门集成电路芯片,常用在各种数字电路以及单片机系统。

逻辑功能:74LS32 芯片中 A、B 是输入信号,Y 是输出信号。只有 2 个输入同时为 1 时,输出才为 1。其逻辑功能表如附表 5 所示。

引脚排列:74LS32 芯片的引脚总数为 14 个,其中 1、2、3 引脚分别是 A_1、B_1、Y_1;4、5、6、7 引脚是 A_2、B_2、Y_2、GND;8、9、10 引脚分别是 A_3、B_3、Y_3;11、12、13、14 引脚是 A_4、B_4、Y_4、V_{CC},如附图 5 所示。

附表 5　74LS32 逻辑功能表

输　入		输　出
A	B	Y
0	0	0
0	0	0
0	1	1
1	0	1
1	1	1

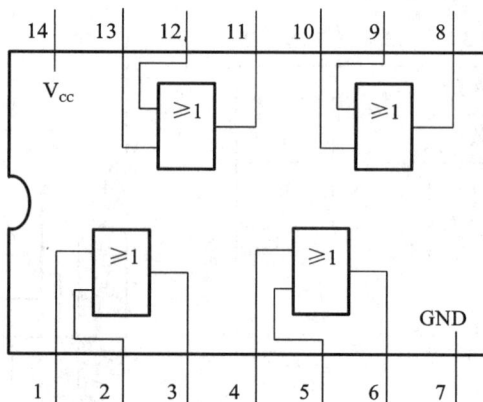

附图 5　74LS32 引脚图

6. 74LS74

74LS74 集成块是一个双 D 触发器,属于 TTL 系列。它包含两个独立的 D 触发器,每个 D 触发器都有独立的时钟输入(CLK)、数据输入(D)、置位端(PRE)、复位端(CLR)和输出端(Q 和 $\overline{Q}$)。

逻辑功能:当时钟上升沿到来时,D 输入端的数据被传送到 Q 输出端。置位端(PRE)有效(低电平)时,Q 输出端被置为高电平。复位端(CLR)有效(低电平)时,Q 输出端被置为低电平。其逻辑功能表如附表 6 所示。

引脚排列:74LS74 通常有 14 个引脚,如附图 6 所示。

附表 6　74LS74 逻辑功能表

输　　入				输　　出	
$\overline{S}_D$	$\overline{R}_D$	CP	D	Q_{n+1}	$\overline{Q}_{n+1}$
0	1	×	×	1	0
1	0	×	×	0	1
0	0	×	×	×	×
1	1	↑	1	1	0
1	1	↑	0	0	1

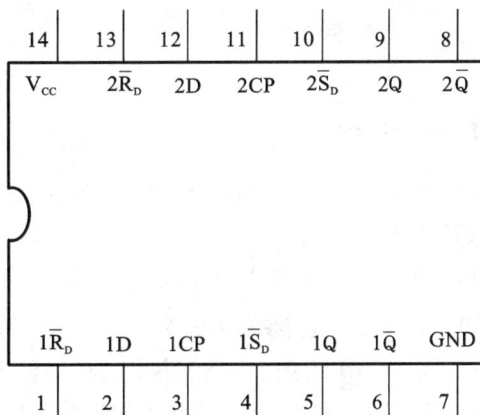

附图 6　74LS74 引脚图

74LS74 集成块功能丰富,可用作寄存器、移位寄存器、振荡器、单稳态、分频计数器等。此外,数字电路中的集成块用途众多,可依据具体情况灵活运用。其原理为:S_D 和 R_D 连接至基本 RS 触发器的输入端,分别为预置端和清零端,且低电平有效。当 $S_D=0$ 且 $R_D=1$ 时,无论输入端 D 处于何种状态,都会使 Q=1 或 Q=0,即触发器置1;当 $S_D=1$ 且 $R_D=0$ 时,触发器状态为 0,S_D 和 R_D 通常也被称作直接置 1 端和置 0 端。

7. 74LS86

74LS86 是一种集成电路芯片,它是一个 4 组二输入异或门,其工作原理是基于异或逻辑。异或逻辑的特点是当两个输入不同时,输出为高电平;当两个输入相同时,输出为低电平。

逻辑功能:每个异或门都有两个输入端(A 和 B)和一个输出端(Y)。当 A 和 B 的输入电平不同时,Y 输出高电平;当 A 和 B 的输入电平相同时,Y 输出低电平。其逻辑功能表如附表 7 所示。

引脚排列:通常具有 14 个引脚,包括 8 个二输入引脚(A_1、B_1;A_2、B_2;A_3、B_3;A_4、B_4)和 4 个输出引脚(Y_1、Y_2、Y_3、Y_4),以及电源引脚(V_{cc})和接地引脚(GND),如附图 7 所示。

附表 7　74LS86 逻辑功能表

输　　入		输　　出
A	B	Y
0	0	0
0	1	1
1	0	1
1	1	0

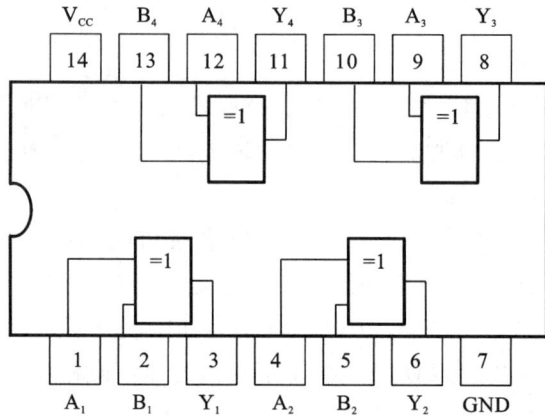

附图 7　74LS86 引脚图

8.74LS138

74LS138 为 3-8 线译码器,它的核心功能是将 3 位二进制地址转换为 8 个独立输出信号,其工作原理如下。

(1)当一个选通端($\overline{E}_1$)为高电平,另两个选通端($\overline{E}_2$ 和 $\overline{E}_3$)为低电平时,可将地址端(A_0、A_1、A_2)的二进制编码在 $Y_0 \sim Y_7$ 对应的输出端以低电平输出,即输出为 $\overline{Y}_0 \sim \overline{Y}_7$,比如当 $A_2 A_1 A_0 = 110$ 时,则 Y_6 输出端输出低电平信号。

(2)利用 E_1、E_2 和 E_3 可级联扩展成 24 线译码器。若外接一个反相器,还可级联扩展成 32 线译码器。

(3)若将选通端中的一个作为数据输入端时,74LS138 还可作数据分配器。

(4)可用在 8086 的译码电路中扩展内存。

74LS138 逻辑功能表和引脚图分别如附表 8 和附图 8 所示。

附表 8　74LS138 逻辑功能表

输　　入					输　　出							
S_1	$\overline{S}_2 + \overline{S}_3$	A_2	A_1	A_0	$\overline{Y}_0$	$\overline{Y}_1$	$\overline{Y}_2$	$\overline{Y}_3$	$\overline{Y}_4$	$\overline{Y}_5$	$\overline{Y}_6$	$\overline{Y}_7$
0	×	×	×	×	1	1	1	1	1	1	1	1
×	1	×	×	×	1	1	1	1	1	1	1	1
1	0	0	0	0	0	1	1	1	1	1	1	1
1	0	0	0	1	1	0	1	1	1	1	1	1
1	0	0	1	0	1	1	0	1	1	1	1	1
1	0	0	1	1	1	1	1	0	1	1	1	1
1	0	1	0	0	1	1	1	1	0	1	1	1
1	0	1	0	1	1	1	1	1	1	0	1	1
1	0	1	1	0	1	1	1	1	1	1	0	1
1	0	1	1	1	1	1	1	1	1	1	1	0

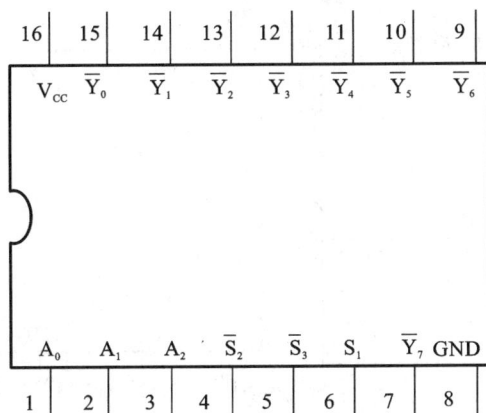

附图 8　74LS138 引脚图

9. 74LS139

74LS139 为双 2-4 线译码器/多路分配器芯片,常用于地址译码器、数据选择、逻辑功能实现等电路中,可对 2 位高位地址进行译码,产生 4 个片选信号,最多可外接 4 个芯片。

74LS139 逻辑功能表如附表 9 所示,其引脚图如附图 9 所示,其中 A 表示译码地址输入端,S 表示选通端(低电平有效),$Y_0 \sim Y_3$ 表示译码输出端(低电平有效)。

附表 9　74LS139 逻辑功能表

$\overline{S}$	A_1	A_0	$\overline{Y}_0$	$\overline{Y}_1$	$\overline{Y}_2$	$\overline{Y}_3$
1	×	×	1	1	1	1
0	0	0	0	1	1	1
0	0	1	1	0	1	1
0	1	0	1	1	0	1
0	1	1	1	1	1	0

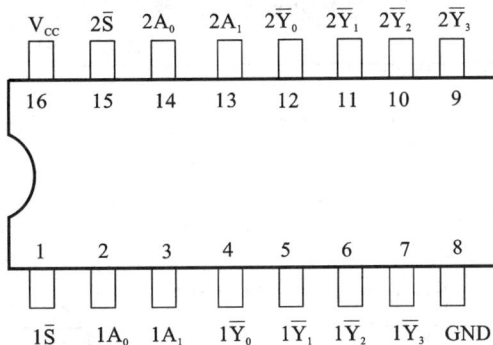

附图 9　74LS139 引脚图

10. 74LS153

74LS153 是双四选一数据选择器。逻辑功能是实现数据选择功能,即把多路数据中的某一路数据传送到公共数据线上,其作用相当于多个输入的单刀多掷开关,常用在各种数字电路中。其逻辑功能表和引脚图分别如附表 10 和附图 10 所示。

$1\overline{S}$、$2\overline{S}$ 为 2 个独立的使能端;A_1、A_0 为公用的地址输入端;$1D_0 \sim 1D_3$ 和 $2D_0 \sim 2D_3$ 分别为 2 组双四选一数据选择器的输入端;Q_1、Q_2 为 2 个输出端。

(1)当使能端 $1\overline{S}(2\overline{S}) = 1$ 时,多路开关被禁止,无输出,$Q = 0$。

(2)当使能端 $1\overline{S}(2\overline{S}) = 0$ 时,多路开关正常工作,根据地址码 A_1、A_0 的状态,将相应的数据 $D_0 \sim D_3$ 送到输出端 Q。

附表 10　74LS153 引脚图

输入			输出
$\overline{S}$	A_1	A_0	Q
1	×	×	0
0	0	0	D_0
0	0	1	D_1
0	1	0	D_2
0	1	1	D_3

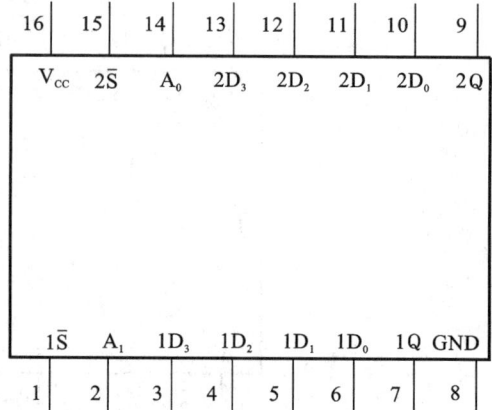

16	15	14	13	12	11	10	9
V_{cc}	$2\overline{S}$	A_0	$2D_3$	$2D_2$	$2D_1$	$2D_0$	$2Q$
$1\overline{S}$	A_1	$1D_3$	$1D_2$	$1D_1$	$1D_0$	$1Q$	GND
1	2	3	4	5	6	7	8

附图 10　74LS153 逻辑功能表

例如：$A_1 A_0 = 00$，则选择 D_0 数据到输出端，即 $Q = D_0$；$A_1 A_0 = 01$，则选择 D_1 数据到输出端，即 $Q = D_1$，其余类推。

数据选择器的用途很多，例如多通道传输、数码比较、并行码变串行码以及实现逻辑函数等。

11. 74LS193

74LS193 是同步 4 位二进制可逆计数器，它具有双时钟输入、异步清零和异步置数等功能。

74LS193 逻辑功能表如附表 11 所示。

附表 11　74LS193 **逻辑功能表**

输入								输出			
CLR	$\overline{LD}$	D_3	D_2	D_1	D_0	CPU	CPD	Q_3	Q_2	Q_1	Q_0
1	×	×	×	×	×	×	×	0	0	0	0
0	0	X_3	X_2	X_1	X_0	×	×	X_3	X_2	X_1	X_0
0	1	×	×	×	×	↑	1	累加计数			
0	1	×	×	×	×	1	↑	累减计数			

74LS193 引脚图及功能说明分别如附图 11 和附表 12 所示。

16	15	14	13	12	11	10	9
V_{cc}	D_0	CLR	$\overline{Q}_{CB}$	$\overline{Q}_{CC}$	$\overline{LD}$	D_2	D_3
D_1	Q_1	Q_0	CPD	CPU	Q_2	Q_3	GND
1	2	3	4	5	6	7	8

附图 11　74LS193 引脚图

附表 12　74LS193 **引脚功能说明**

引脚名称		功能说明
输入端	CLR	清除
	$\overline{LD}$	预置控制
	D_3　D_2　D_1　D_0	预置初值
	CPU	累加计数脉冲（正脉冲）
	CPD	累减计数脉冲（正脉冲）
输出端	Q_3　Q_2　Q_1　Q_0	计数值
	$\overline{Q}_{CC}$	进位输出（负脉冲）
	$\overline{Q}_{CB}$	借位输出（负脉冲）

74LS193 具有 8 个输入端,包括高电平有效的清零控制信号 CLR,低电平有效的置数控制信号 $\overline{LD}$,4 个预置数据输入端 D_3、D_2、D_1、D_0,上升沿有效加法计数脉冲 CPU 和减法计数脉冲 CPD,并具有 6 个输出端,分别是计数状态输出值 $Q_3Q_2Q_1Q_0$ 以及进位输出负脉冲 $\overline{Q_{CC}}$、借位输出负脉冲 $\overline{Q_{CB}}$。

74LS193 主要包括以下功能。

(1)异步清零。

当 CLR 为高电平时,无论时钟脉冲信号和置数控制信号为何值,计数器状态立刻清零,即 $Q_3Q_2Q_1Q_0=0000$,可见清零信号在所有的输入信号中优先级最高。不需要时钟端配合立刻清零的方式称为异步清零。与之相对应的是同步清零,同步清零是当清零端满足输入的电平要求时,下一个时钟脉冲输入后清零。

(2)异步置数。

当 CLR 为无效电平(低电平),$\overline{LD}=0$ 时,不管时钟脉冲信号为何值,计数器状态被置为 D_3、D_2、D_1、D_0 端输入的值,即 $Q_3Q_2Q_1Q_0=D_3D_2D_1D_0$。

(3)累加计数。

当 CLR=0,$\overline{LD}=1$ 且 CPD=1,CPU 端输入计数脉冲,即清零控制信号与置数控制信号无效且减法计数脉冲持续为 1 时,芯片处于累加计数状态;每当 CPU 端输入的脉冲到达上升沿时,$Q_3Q_2Q_1Q_0$ 在当前状态下加 1,实现 4 位二进制加法计数器功能。出现进位时,输出进位信号 $\overline{Q_{CC}}$。

(4)累减计数。

当 CLR=0,$\overline{LD}=1$ 且 CPU=1,CPD 端输入计数脉冲,即清零控制信号与置数控制信号无效且加法计数脉冲持续为 1 时,芯片处于累减计数状态;每当 CPD 端输入的脉冲到达上升沿时,$Q_3Q_2Q_1Q_0$ 在当前状态下减 1,实现 4 位二进制减法计数器功能。出现借位时,输出借位信号 $\overline{Q_{CB}}$。

从输入信号看,计数脉冲 CPU 和 CPD 无效时输入的都是高电平信号,因此计数脉冲 CPU 和 CPD 的有效输入都是负脉冲。与正脉冲前沿是上升沿,后沿是下降沿不同,负脉冲的前沿是下降沿,后沿是上升沿,因此电路状态的改变发生在脉冲信号的后沿。从输出信号看,进位和借位信号都与输入脉冲有关,属于 Mealy 型时序逻辑电路。

12. 74LS194

74LS194 移位寄存器是指所存的代码能在移位脉冲的作用下依次位移的寄存器,它是一种可以用二进制形式保存数据的双稳器件,既能左移又能右移的寄存器称为双向移位寄存器。双向移位寄存器 74LS194 具有左移、右移、保持、复位和置数等功能,通过对 S_1 和 S_0 的设置可实现不同功能。D_0、D_1、D_2 和 D_3 是数据输入端,主要用于置数,可接至 V_{CC} 或 GND 实现不同的二进制组合;D_{SR} 和 D_{SL} 分别是右移和左移的数据输入端,也可接至 V_{CC} 或 GND 输入 1 或 0;Q_0、Q_1、Q_2 和 Q_3 接发光小灯泡观察其输出情况。

74LS194 逻辑功能表如附表 13 所示。

附表 13　74LS194 逻辑功能表

$\overline{CLR}$	CP	S_1	S_0	D_{SR}	D_{SL}	D_3	D_2	D_1	D_0	Q_3	Q_2	Q_1	Q_0	说明
		输　入									输　出			
0	×	×	×	×	×	×	×	×	×	0	0	0	0	清零
1	0	×	×	×	×	×	×	×	×	Q_3	Q_2	Q_1	Q_0	保持
1	↑	1	1	×	×	X_3	X_2	X_1	X_0	X_3	X_2	X_1	X_0	并行置数
1	↑	0	1	1	×	×	×	×	×	1	Q_3	Q_2	Q_1	右移
1	↑	0	1	0	×	×	×	×	×	0	Q_3	Q_2	Q_1	
1	↑	1	0	×	1	×	×	×	×	Q_2	Q_1	Q_0	1	左移
1	↑	1	0	×	0	×	×	×	×	Q_2	Q_1	Q_0	0	
1	d	0	0	×	×	×	×	×	×	Q_3	Q_2	Q_1	Q_0	保持

74LS194 引脚图及功能说明分别如附图 12 和附表 14 所示。

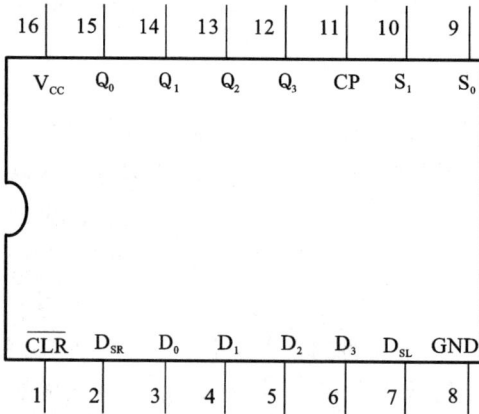

附图 12　74LS194 引脚图

附表 14　74LS194 引脚功能说明

	引脚名称	说　明
输　入	$\overline{CLR}$	清零
	D_3、D_2、D_1、D_0	并行数据输入
	D_{SR}	右移串行数据输入
	D_{SL}	左移串行数据输入
	S_1、S_0	工作方式选择控制：S_1S_0 取值 00—保持，01—右移，10—左移，11—并行输入
	CP	工作脉冲
输　出	Q_3、Q_2、Q_1、Q_0	寄存器的状态

13. 74LS244

74LS244 是一款高速 CMOS 器件，主要用作八路正相缓冲器/线路驱动器，并具有三态输出功能，其逻辑功能表和引脚图分别如附表 15 和附图 13 所示。

附表 15　74LS244 逻辑功能表

输　入		输　出
$\overline{G}$	A	Y
0	0	0
0	1	1
1	×	高阻态

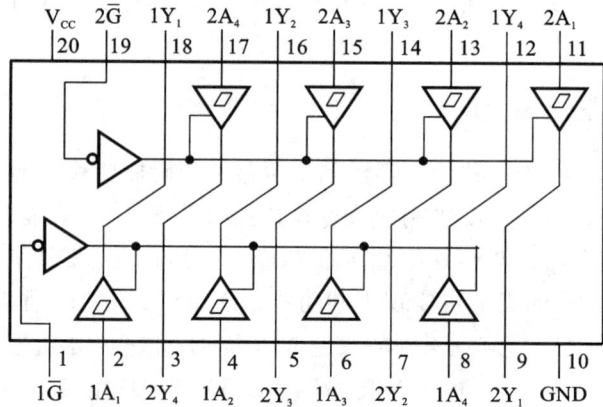

附图 13　74LS244 引脚图

74LS244 芯片内部有 2 个 4 位三态缓冲器,使用时可分别以 1G 和 2G 作为它们的选通工作信号。当 1G 和 2G 都为低电平时,输出端 Y 和输入端 A 的状态相同;当 1G 和 2G 都为高电平时,输出呈高阻态。

14. 74LS181

74LS181 是一种 4 位二进制数的算术逻辑单元(ALU)芯片,也被称为函数产生器,能执行 16 种算术运算(如加法、减法等)和 16 逻辑运算(如与、或、非、异或),其逻辑功能表如附表 16 所示。

附表 16　74LS181 逻辑功能表

方式				M=1(逻辑运算)	M=0(算术运算)	
S_3	S_2	S_1	S_0		CN=1(无进位)	CN=0(有进位)
0	0	0	0	$F=\overline{A}$	$F=A$	$F=A$ 加 1
0	0	0	1	$F=\overline{A+B}$	$F=A+B$	$F=(A+B)$ 加 1
0	0	1	0	$F=\overline{A}B$	$F=A+\overline{B}$	$F=(A+\overline{B})$ 加 1
0	0	1	1	$F=0$	$F=$ 减 1(2 的补)	$F=0$
0	1	0	0	$F=\overline{AB}$	$F=A$ 加 $A\overline{B}$	$F=A$ 加 $A\overline{B}$ 加 1
0	1	0	1	$F=\overline{B}$	$F=(A+B)$ 加 $A\overline{B}$	$F=(A+B)$ 加 A 加 1
0	1	1	0	$F=A\oplus B$	$F=A$ 减 B 减 1	$F=A$ 减 B
0	1	1	1	$F=A\overline{B}$	$F=A\overline{B}$ 减 1	$F=A\overline{B}$
1	0	0	0	$F=\overline{A}+B$	$F=A$ 加 AB	$F=A$ 加 AB 加 1
1	0	0	1	$F=\overline{A\oplus B}$	$F=A$ 加 B	$F=A$ 加 B 加 1
1	0	1	0	$F=B$	$F=(A+\overline{B})$ 加 AB	$F=(A+\overline{B})$ 加 AB 加 1
1	0	1	1	$F=AB$	$F=AB$ 减 1	$F=AB$
1	1	0	0	$F=1$	$F=A$ 加 A	$F=A$ 加 A 加 1
1	1	0	1	$F=A+\overline{B}$	$F=(A+B)$ 加 A	$F=(A+B)$ 加 A 加 1
1	1	1	0	$F=A+B$	$F=(A+\overline{B})$ 加 A	$F=(A+\overline{B})$ 加 A 加 1
1	1	1	1	$F=A$	$F=A$ 减 1	$F=A$

74LS181 芯片共有 24 个引脚(见附图 14),其主要引脚及功能如下。

(1)数据输入引脚($\overline{A_0}\sim\overline{A_3}$、$\overline{B_0}\sim\overline{B_3}$):A 组和 B 组各 4 个引脚,用于输入参与运算的两个 4 位二进制数,均为低电平有效。

(2)功能选择引脚($\overline{S_0}\sim\overline{S_3}$):与工作方式控制端 M 配合,用于选择具体的运算功能。

(3)工作方式控制引脚(M):决定芯片是执行算术运算还是逻辑运算。当 M 为低电平时,芯片执行算术运算;当 M 为高电平时,芯片执行逻辑运算。

(4)进位输入引脚(C_n):来自低位的进位输入,用于多片级联时传递进位信号。

(5)进位输出引脚(C_{n+4}):向高位的进位输出,可用于判断运算结果是否产生进位,也可用于级联时传递进位信号。

（6）运算输出引脚（$\overline{F_0} \sim \overline{F_3}$）：输出运算结果，为低电平有效。

（7）比较输出引脚（$F_{A=B}$）：可用于比较两个输入数 A 和 B 是否相等。当 M、S_0、S_3 为低电平，S_1、S_2 为高电平时，如果 A 和 B 相等，则 $F_{A=B}$ 为高电平。

（8）进位产生输出引脚（$\overline{F_G}$）：低电平有效，用于产生进位信号，与超前进位产生器相连可实现高速运算。

（9）进位传输输出引脚（$\overline{F_P}$）：低电平有效，用于传输进位信号，与超前进位产生器配合使用。

（10）电源引脚（V_{CC}）：第 24 脚，连接到 +5 V 电源，为芯片提供工作电压。

（11）接地引脚（GND）：第 12 脚，连接到电路的公共地线，为芯片提供电气参考点。

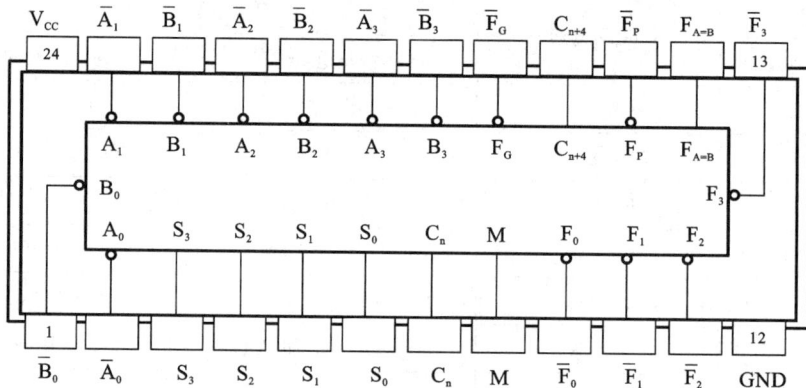

附图 14   74LS181 引脚图

15. 74LS273

74LS273 是一种 8 位的 D 型触发器，它具有数据锁存功能，广泛应用于数字电路中作为数据锁存器、地址锁存器或缓冲器。

74LS273 在清零端（CLR）为高电平的情况下，当时钟脉冲（CLK）的上升沿到来时，输入数据（$D_0 \sim D_7$）被锁存到对应的输出端（$Q_0 \sim Q_7$）。在时钟脉冲的其他时刻，输出端保持不变。74LS273 逻辑功能如附表 17 所示。

引脚功能说明：CLR 为清零端，低电平有效，即当该引脚为低电平时，输出端 $Q_0 \sim Q_7$ 全部为 0。$D_0 \sim D_7$ 表示数据输入端。CLK 为时钟脉冲输入端，上升沿有效。$Q_0 \sim Q_7$ 表示数据输出端。74LS273 引脚图如附图 15 所示。

附表 17   74LS273 逻辑功能表

输	入		输 出
CLK	CLR	D_n	Q_n
0	×	×	0
1	⌐	1	1
1	⌐	0	0

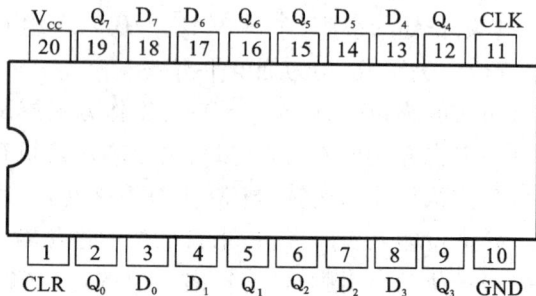

附图 15   74LS273 引脚图

16. 74LS374

74LS374 是一种 8 位的三态输出 D 型锁存器。在输出使能端($\overline{OE}$)为低电平的情况下,当时钟输入端(CLK)出现上升沿时,输入数据($D_0 \sim D_7$)被锁存到对应的输出端($Q_0 \sim Q_7$)。在时钟脉冲的其他时刻,输出端保持不变。在数据传输过程中,用于暂时存储数据,以匹配不同速度的设备之间的数据交换;在计算机系统中,74LS374 用于锁存地址信息。

引脚功能说明:$D_0 \sim D_7$ 为数据输入端;CLK 为时钟输入端,上升沿触发;$\overline{OE}$ 为输出使能端,低电平有效。当 $\overline{OE}$ 为低电平时,输出端有效;当 $\overline{OE}$ 为高电平时,输出端为高阻态。$Q_0 \sim Q_7$ 为数据输出端。74LS374 逻辑功能表如附表 18 所示,引脚图如附图 16 所示。

附表 18 74LS374 逻辑功能表

输 入			输 出
D_n	LE	$\overline{OE}$	Q_n
1	⌐	0	1
0	⌐	0	0
×	×	1	高阻态

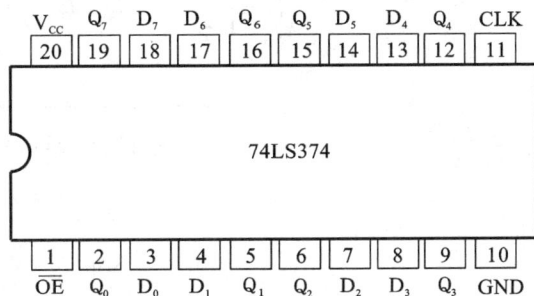

附图 16 74LS374 引脚图

17. 6116

6116 是一种典型的静态随机存取存储器(Static Random-Access Memory,SRAM),属于 CMOS 工艺制造的双列直插式(DIP)集成电路。它具有 2K×8 位的存储容量(即存储单元为 2048 个,每个单元存储 8 位(1 字节)的数据)。在实际应用中,6116 芯片常用于需要快速存储和读取数据的场合,例如计算机系统中的缓存、嵌入式系统中的数据存储等。

6116 引脚功能说明:地址线($A_0 \sim A_{10}$)用于选择存储单元的地址,数据线($D_0 \sim D_7$)用于数据的输入和输出。片选端($\overline{CS}$):当片选端为低电平时,芯片被选中,可进行读写操作;当片选端为高电平时,芯片未被选中,处于禁止状态。读写控制端($\overline{WR}$):低电平时进行写入操作,高电平时进行读操作。输出使能端($\overline{OE}$):低电平有效,当 $\overline{OE}=0$ 且 $\overline{CS}=0$ 时,允许数据输出。电源引脚(V_{CC})连接 +5 V 直流电源,接地引脚(GND)接地。其逻辑功能表和引脚图分别如附表 19、附图 17 所示。

附表 19 6116 逻辑功能表

$\overline{CS}$	$\overline{WR}$	$\overline{OE}$	功 能	$D_0 \sim D_7$
1	×	×	未选中	高阻态
0	1	1	输出无效	高阻态
0	1	0	读操作	输出
0	0	×	写操作	输入

A_7	1		24	V_{CC}
A_6	2		23	A_8
A_5	3		22	A_9
A_4	4		21	$\overline{WR}$
A_3	5		20	$\overline{OE}$
A_2	6		19	A_{10}
A_1	7		18	$\overline{CS}$
A_0	8		17	D_7
D_0	9		16	D_6
D_1	10		15	D_5
D_2	11		14	D_4
GND	12		13	D_3

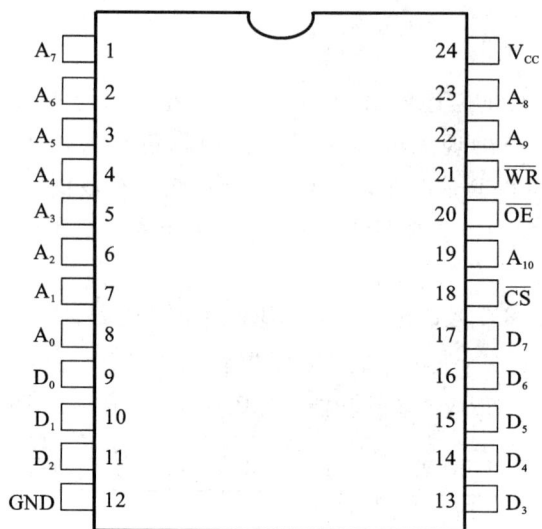

附图 17　6116 引脚图

REFERENCES
参考文献

[1] 欧阳星明,溪利亚,陈国平.数字电路逻辑设计(微课版)[M].3 版.北京:人民邮电出版社,2021.

[2] 王毓银,赵亦松.数字电路逻辑设计[M].3 版.北京:高等教育出版社,2018.

[3] 李晓辉.数字电路逻辑设计[M].2 版.北京:电子工业出版社,2017.

[4] 康华光,张林.电子技术基础数字部分[M].7 版.北京:高等教育出版社,2021.

[5] 欧阳星明.数字逻辑[M].5 版.武汉:华中科技大学出版社,2021.

[6] 张俊涛,陈晓莉.数字电路与逻辑设计[M].3 版.北京:清华大学出版社,2023.

[7] 白中英.数字逻辑与数字系统[M].3 版.北京:科学出版社,2001.

[8] 袁小平.数字逻辑与数字系统设计实验教程[M].北京:机械工业出版社,2022.

[9] 李山山,全成斌,田淑珍,等.数字逻辑实践教程[M].北京:清华大学出版社,2014.

[10] 唐朔飞.计算机组成原理[M].3 版.北京:高等教育出版社,2020.

[12] 谭志虎.计算机组成原理(微课版)[M].北京:人民邮电出版社,2021.

[11] 王诚,董长洪,宋佳兴.计算机组成原理[M].北京:高等教育出版社,2011.

[12] 蒋本珊.计算机组成原理[M].4 版.北京:清华大学出版社,2019.

[13] 戴志涛,白中英.计算机组成原理[M].7 版.北京:科学出版社,2024.

[14] 童世华,陈贵彬,王伟强.计算机组成原理与组装维护实践教程[M].北京:清华大学出版社,2016.

[15] 周润景,李楠.基于 PROTEUS 的电路设计仿真与制板[M].2 版.北京:电子工业出版社,2018.

[16] 朱清慧,张凤蕊,翟天崇,等.Proteus 教程——电子线路设计、制版与仿真[M].3 版.北京:清华大学出版社,2016.